国家一流本科专业建设教材

制药与精细化工专业实验

瞿　祎　　王　乐　　张　迪　主编

華東理工大學出版社
EAST CHINA UNIVERSITY OF SCIENCE AND TECHNOLOGY PRESS
·上海·

图书在版编目(CIP)数据

制药与精细化工专业实验 / 瞿祎，王乐，张迪主编
．—上海：华东理工大学出版社，2023.7
ISBN 978-7-5628-7202-3

Ⅰ．①制… Ⅱ．①瞿… ②王… ③张… Ⅲ．①药物—制造—精细化工—实验 Ⅳ．①TQ460.1-33

中国国家版本馆 CIP 数据核字(2023)第 095583 号

内容提要

本书以制药与精细化工领域实用性科研工作为出发点，紧跟学科发展及科研需求，选取有了代表性的实验和内容。全书分为三篇，共 6 章。第一篇为基础知识部分，介绍基础实验和常规操作；第二篇为实验部分，分为合成实验、结构表征、性能测试，实验内容通俗易懂，实验步骤详细、可操作性强；第三篇为科技绘图部分，介绍了 Chemdraw、ACD、AI 等科研软件的使用方法及应用案例。

本书可作为制药与精细化工相关专业的高年级本科生及研究生的实验教学用书，也可供从事药物及精细化学品合成研究的科研人员参考。

策划编辑 / 花　巍
责任编辑 / 马夫娇
责任校对 / 张　波
装帧设计 / 徐　蓉
出版发行 / 华东理工大学出版社有限公司
地址：上海市梅陇路 130 号，200237
电话：021-64250306
网址：www.ecustpress.cn
邮箱：zongbianban@ecustpress.cn
印　　刷 / 上海新华印刷有限公司
开　　本 / 787 mm×1092 mm　1/16
印　　张 / 10.5
字　　数 / 250 千字
版　　次 / 2023 年 7 月第 1 版
印　　次 / 2023 年 7 月第 1 次
定　　价 / 45.00 元

前　　言

上海工程技术大学于2001年成立化工学院，为化学工程行业培养专业的人才，更为服务于我国从化工大国走向化工强国迈出了坚实的一步。上海工程技术大学积极推动教育教学改革，编者通过多年制药化工专业实验的教学与探讨，参照了目前国家标准和行业标准的实验方法，对制药和精细化工实验内容和方法进行优化和调整，融入了最新的研究成果，同时对实验结果进行了科技绘图处理，最终编写成了《制药与精细化工专业实验》教材。

本书分为三部分，共6章。第一篇为基础知识部分(第1、2章)，介绍基础实验和常规操作。第二篇为实验部分(第3～5章)，包含合成实验、结构表征和性能测试，每一个实验均包括了预备知识、实验目的、实验原理、仪器装置及试剂、实验步骤、注释、思考题，具有内容通俗易懂、实验步骤详细、实验内容较为完善、可操作性强的特点。第三篇为科技绘图(第6章)，提供了数据处理与科技制图的步骤和方法，如常见的Chemdraw软件、ACD软件和AI图像处理软件等，用于实验数据处理与绘图。

本书在编写过程中，尽可能地选取有代表性的实验和内容，基于篇幅和侧重点考虑，省略了一些内容，如实验结果讨论与展望等。

本书的编写过程十分漫长与艰辛。在此，要感谢研究生刘梦侠、蒋娜、孙文文、吕心雨、苏稀琪、刘盼、罗芳芳、周慧敏、黄文灵、张笑等，本科生王一邱、黄子仪、刘彤琳等在此书编写过程中的付出。

由于编者水平有限，书中难免存在疏漏及不足之处，盼同行以及各位读者不吝赐教。

编　者

2023年7月

目　　录

第一篇

基础知识

第 1 章　实验基础知识

本章提要

本章内容包含基本规范与实验基础两部分内容。其中基本规范包括实验室规章制度、实验室安全规范、科学研究的学术规范与实验记录标准。实验基础部分围绕制药与精细化工领域常规实验，介绍相关的常用仪器装置与搭建方案，以及常见溶剂的处理方法。

1.1　基本规范

1.1.1　实验室制度

为使相关专业实验有条不紊、安全地进行，必须遵循以下制度：

(1) 熟悉实验室的安全制度，学会正确使用水、电、煤、通风橱、灭火器等，了解实验事故的一般处理方法。做好实验的预习工作，了解所用药品的危害性及安全操作方法，按操作规程小心使用有关实验仪器和设备，若有问题应立即停止使用。

(2) 实验前，认真清点、检查玻璃仪器；实验中，安全合理地使用玻璃仪器；实验后，洗净并妥善保管玻璃仪器，尤其应学会玻璃仪器的洗涤方法。

(3) 实验时，要保持实验室和桌面的清洁，认真操作，遵守实验纪律，严格按照实验中所规定的实验步骤、试剂规格及用量来进行。若要改变，需经教师同意后方可进行。

(4) 实验药品使用前，应仔细阅读药品标签，按需取用，避免浪费；取完药品后要迅速盖上瓶塞，避免搞错瓶塞、污染药品。不要任意更换实验室常用仪器（如天平、干燥器、折光仪等）和常用药品的摆放位置。

(5) 整个实验操作过程中要集中思想，避免大声喧哗，不要在实验室吃东西。

(6) 实验中和实验后，各类固体废物和液体废物应分别放入指定的废物收集器中。

(7) 离开实验室前，应检查水、电、煤是否安全关闭。

1.1.2　实验室安全知识（常见事故的预防与急救）

精细化工实验基本由玻璃仪器、实验试剂和电气设备等组成，如果操作不当，会对人体、环境造成伤害。实验试剂往往具有易燃、易爆、易挥发、易腐蚀、毒性高等特点；玻璃仪器与电气设备使用不当亦可发生意外事故。因此，精细化工实验室是一个潜在的、高危险性的场所。

1. 防火

实验操作要规范，实验装置要正确，对易燃、易爆、易挥发的实验药品要远离明火，不可随意丢弃，实验后应专门回收。一旦发生火灾，应先切断电源、煤气，移去易燃、易爆试剂，再采取其他适当方法灭火。例如：使用灭火器，用石棉网或黄沙覆盖，或用水冲等。

2. 防爆

仪器装置安排要正确，常压蒸馏及回流时，整个系统不能密闭；减压蒸馏时，应事先检查玻璃仪器是否能承受系统的压力；若在加热后发现未放沸石，应停止加热，冷却后再补加；冷凝水要保持畅通。

有些有机物遇氧化剂会发生猛烈的爆炸或燃烧，操作或存放时应格外小心。

3. 防中毒

绝大多数实验试剂都有不同程度的毒性，对有刺激性或者产生有毒气体的实验，应尽量安排在通风橱中，或在有排风系统的环境中进行，或采用气体吸收装置。

有毒或有较强腐蚀性的药品应严格按照有关操作规程进行，不能用手直接拿或接触这类化学药品，不得入口或接触伤口，亦不可随便倒入下水道。

人体中毒的程度取决于许多相互影响的因素。毒害分为急性中毒和慢性中毒。急性中毒是药品一次性进入人体后短时间引起的中毒现象。实验中若发现有头晕、头痛等中毒症状，应立即转移到空气新鲜的地方休息，严重者应送医院。

4. 防化学灼伤

强酸、强碱和溴等化学药品接触皮肤均可引起灼伤，使用时应格外小心。一旦发生这类情况应立即用大量水冲洗，再用如下方法处理：

(1) 酸灼伤：眼睛灼伤用1% $NaHCO_3$溶液清洗；皮肤灼伤用5% $NaHCO_3$溶液清洗。

(2) 碱灼伤：眼睛灼伤用1%硼酸溶液清洗；皮肤灼伤用1%～2%醋酸溶液清洗。

(3) 溴灼伤：立即用酒精洗涤，再涂上甘油，或敷上烫伤油膏。

灼伤较严重者经急救后速去医院治疗。

5. 防割伤和烫伤

在玻璃仪器的使用和玻璃工具的操作中，常因操作或使用不当而发生割伤和烫伤现象。若发生此类现象，可用如下方法处理：

(1) 割伤：先要取出玻璃片，用蒸馏水或双氧水清洗伤口，涂上红药水，再用纱布包扎；若伤口严重，应在伤口上方用纱布扎紧，急送医院。

(2) 烫伤：轻者涂烫伤膏，重者涂烫伤膏后立即送医院。

1.1.3 废物的处置

在精细化工实验中和实验结束后往往会产生各种固体、液体等废物，为提倡环境保护，遵守国家的环保法规，减少对环境危害，可采用如下处理方法：

(1) 所有实验废物应按固体、液体，有害、无害等分类收集于不同的容器中，对一些难处理的有害废物可送环保部门专门处理。

(2) 少量的酸(如盐酸、硫酸、硝酸等)或碱(如氢氧化钠、氢氧化钾等)在倒入下水道之前必须被中和，并用水稀释。

(3) 有机溶剂必须倒入带有标签的废物回收容器中，并存放在通风处。

(4) 对无害的固体废物,如滤纸、碎玻璃、软木塞、氧化铝、硅胶、硫酸镁、氯化钙等可直接倒入普通的废物箱中,不应与其他有害固体废物相混;对有害固体废物应放入带有标签的广口瓶中。

(5) 对能与水发生剧烈反应的化学品,处置之前要用适当的方法在通风橱内进行分解。

(6) 对可能致癌的物质,处理起来应格外小心,避免与手直接接触。

1.1.4 学术规范

"做好实验记录是对学术不端行为的源头预防。"作为一门实验科学,化学学科一直对实验的学术规范有着高标准的要求。进行科学实验要本着端正的研究态度,客观诚实地记录数据与现象,遵守实验室仪器设备操作规程,尊重实验过程中他人的贡献,养成客观求实、精益求精的科学素养。对科学实验中的数据与现象做到真实、完整、及时的记录,对现象背后的原因进行有依据、有逻辑的探索。

具体的要求包括而不仅限于以下几类:

(1) 保证获得数据的客观性和真实性,不做主观的润色与修饰。

(2) 确保数据的完整性,不做选择性的取舍。

(3) 保证原始数据的可靠性,不做任何人为加工,对所进行的数据处理过程有详细的记录。对于测试结果,务必保留一份测试仪器上的原始文件格式的数据文件。

(4) 数据记录与数据的获取同步进行,不写回忆录,对数据文件进行详细的命名,包括时间、地点、仪器型号、参数设置。

(5) 不得删除或替换实验记录,有条件的应实行专人监督负责制,对必须修改的记录错误,应保证原始记录可见,修改处签名,并由专人监督。

(6) 对于失败的实验,应进行原因分析,并进行补做。

(7) 对实验记录本,应定期交由导师检查。对于本科生实验,应在实验结束后立即交由带教老师进行实验记录的检查。

1.1.5 实验记录

实验记录是第一手原始资料,要求在实验过程中及时记录、及时整理,不能事后补充。所有记录要求清晰可辨,实验记录本编号使用日期准确,并在所有教学、研究阶段完成后统一上交留档。

实验报告是对整个实验过程和结果的观察、整理、分析、总结,实验报告的内容一般包括:

1. 实验目的

明确实验目的,便于分析总结时对照。

2. 实验原理

可能的反应过程与机理研判,必要时加以文字说明。

3. 主要仪器与试剂

列出主要仪器和试剂的型号、规格、厂家,单位术语要规范。实验室条件允许的情况下,准确标注使用的试剂编号和购买(开封)日期。

4. 实验步骤与装置图

写明主要实验步骤，画出装置图。列出观察到的实验现象并记录数据，注意记录相应的时间节点。

5. 结果分析与数据处理

对实验操作、现象进行分析讨论，整理数据并分析归纳实验结果。有的表征测试需要在数日后得到，需要在记录本和样品上清楚标记样品编号，并在获得数据后第一时间进行分析总结归纳。

6. 总结与思考

对实验进行整体总结，并对相关知识点进行统筹研究归纳。

1.2 实验基础

1.2.1 常用的玻璃仪器

玻璃仪器一般是由软质或硬质玻璃制作而成的。软质玻璃耐温、耐腐蚀性较差，但是价格便宜，因此，一般用它制作的仪器均不耐温，如普通漏斗、量筒、吸滤瓶、干燥器等。硬质玻璃具有较好的耐温和耐腐蚀性，制成的仪器可在温度变化较大的情况下使用，如烧瓶、烧杯、冷凝管等。

玻璃仪器一般分为普通和标准磨口两种。在实验室，常用的普通玻璃仪器有非磨口锥形瓶、烧杯、布氏漏斗、吸滤瓶、量筒、普通漏斗等，见图 1.1。常用标准磨口玻璃仪器有磨口锥形瓶、圆底烧瓶、三颈瓶、蒸馏头、冷凝管、接收管等，见图 1.2。

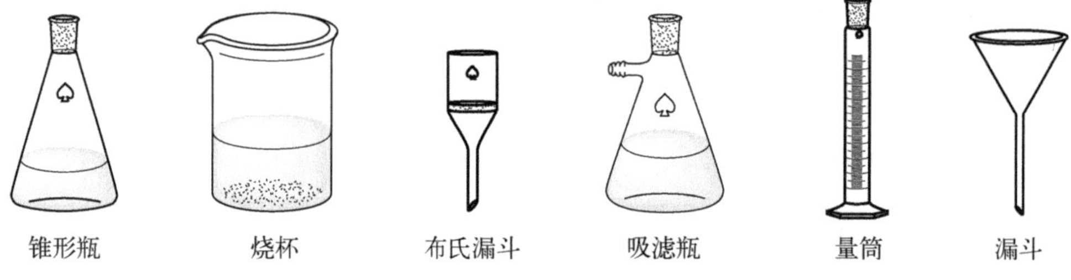

图 1.1 常用普通玻璃仪器

标准磨口玻璃仪器是具有标准磨口或磨塞的玻璃仪器。由于口塞尺寸的标准化、系统化，磨砂口密合，凡属于同类规格的接口，均可任意互换，各部件能组装成各种配套仪器。由于口塞磨砂性能良好，使密合性可达较高真空度，常用于蒸馏尤其是减压蒸馏，对于毒性或挥发性液体的实验较为安全。每一种仪器都有特定的性能和使用场景，以下进行详细介绍。

1. 烧瓶

(1) 圆底烧瓶[图 1.3(a)]：能耐热和承受反应物(或溶液)沸腾以后所发生的冲击震动。在有机化合物的合成和蒸馏实验中最常使用，也常用作减压蒸馏的接收器。

(2) 梨形烧瓶[图 1.3(b)]：性能和用途与圆底烧瓶相似。它的特点是在合成少量有机化合物时在烧瓶内保持较高的液面，蒸馏时残留在烧瓶中的液体少。

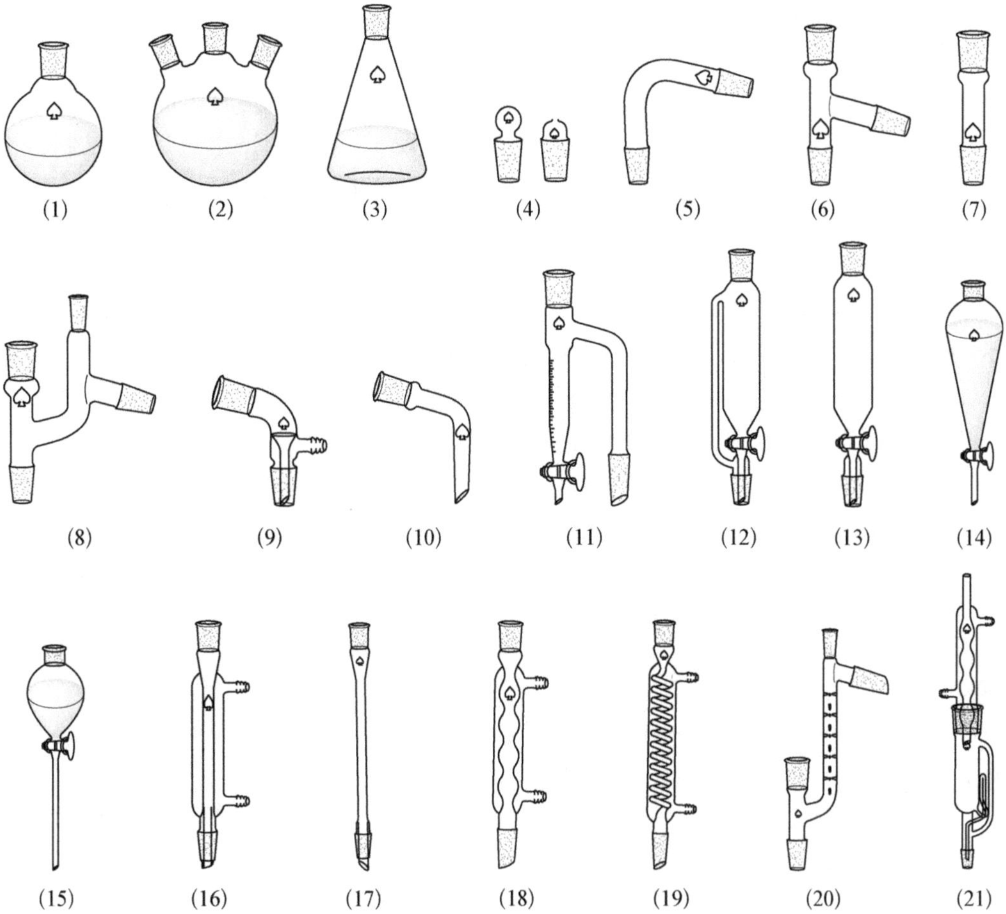

图 1.2　常用标准磨口玻璃仪器

(1) 圆底烧瓶；(2) 三口烧瓶；(3) 磨口锥形瓶；(4) 磨口玻璃塞；(5) 弯头；(6) 蒸馏头；(7) 标准接头；(8) 克氏蒸馏头；(9) 真空接收管；(10) 弯形接收管；(11) 分水器；(12) 恒压漏斗；(13) 滴液漏斗；(14) 梨形分液漏斗；(15) 球形分液漏斗；(16) 直形冷凝管；(17) 空气冷凝管；(18) 球形冷凝管；(19) 蛇形冷凝管；(20) 刺形分馏头；(21) Soxhlet 提取器

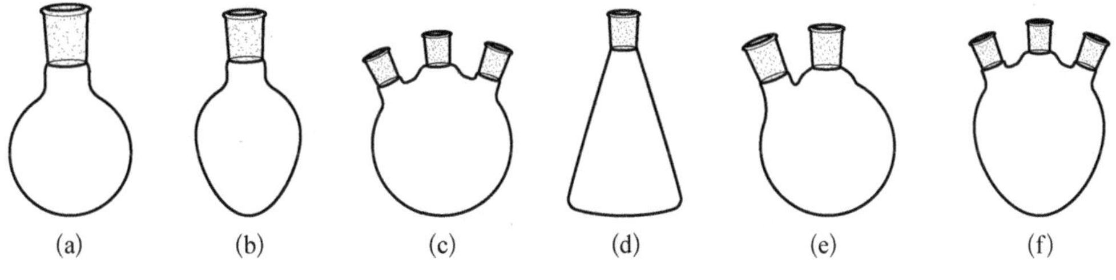

图 1.3　烧瓶

(a) 圆底烧瓶；(b) 梨形烧瓶；(c) 三口烧瓶；(d) 锥形烧瓶；(e) 二口烧瓶；(f) 梨形三口烧瓶

(3) 三口烧瓶[图 1.3(c)]：最常用于需要进行搅拌的实验中。中间瓶口装搅拌器，两个侧口装回流冷凝管和滴液漏斗或温度计等。

(4) 锥形烧瓶(简称锥形瓶)[图 1.3(d)]：常用于有机溶剂进行重结晶的操作，或有固体产物生成的合成实验中，因为生成的固体产物容易从锥形烧瓶中取出来。通常也用作常压蒸馏实验的接收器，但不能用作减压蒸馏实验的接收器。

(5) 二口烧瓶[图 1.3(e)]：常用于半微量、微量制备实验中，作为反应瓶。中间的开口一般接回流冷凝管、微型蒸馏头、微型分馏头等，侧边的开口常接温度计、加料管等。

(6) 梨形三口烧瓶[图 1.3(f)]：用途与三口烧瓶类似，主要用于半微量、小量制备实验中，作为反应瓶。该型仪器的特点是旋蒸后的固体会聚集于梨形瓶的瓶底。

2. 冷凝管

(1) 直形冷凝管[图 1.4(a)]：蒸馏物质的沸点在 140℃以下时，可以在夹套内通水冷却；但沸点超过 140℃时，冷凝管往往会在内管和外管的接合处炸裂。微量合成实验中，常用于加热回流装置上。

(2) 空气冷凝管[图 1.4(b)]：当蒸馏物质的沸点高于 140℃时，常用它代替通冷却水的直形冷凝管。

(3) 球形冷凝管[图 1.4(c)]：其内管的冷却面积较大，对蒸馏物蒸气的冷凝有较好的效果，适用于加热回流的实验。

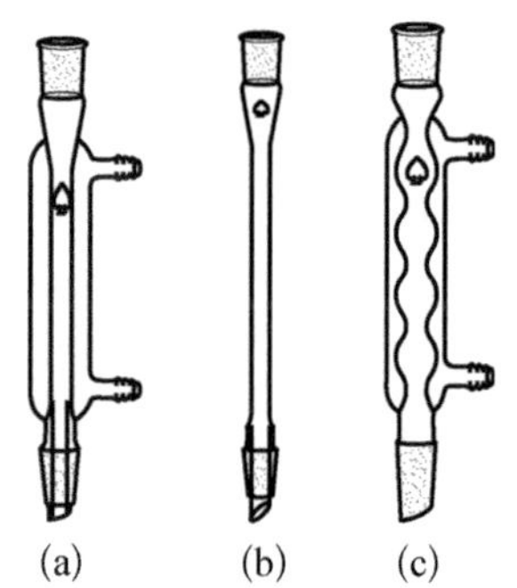

图 1.4　冷凝管

(a) 直形冷凝管；(b) 空气冷凝管；(c) 球形冷凝管

3. 漏斗

(1) 漏斗[图 1.5(a)(b)]：在普通过滤时使用。

(2) 分液漏斗[图 1.5(c)(d)(e)]：用于液体的萃取、洗涤和分离；有时也可用于滴加试料。

(3) 滴液漏斗[图 1.5(f)]：能把液体一滴一滴地加入反应器中，即使漏斗的下端浸没在液面下，也能够明显地看到液体滴加的快慢。

(4) 恒压滴液漏斗[图 1.5(g)]：用于合成反应实验的液体加料操作，也可用于简单的连续萃取操作。

(5) 布氏漏斗[图 1.5(h)]：瓷质的多孔板漏斗，在减压过滤时使用。

(6) 还有一种类似图 1.5(b)的小口径漏斗，附带玻璃钉，过滤时把玻璃钉插入漏斗中，在玻璃钉上放滤纸或直接过滤。

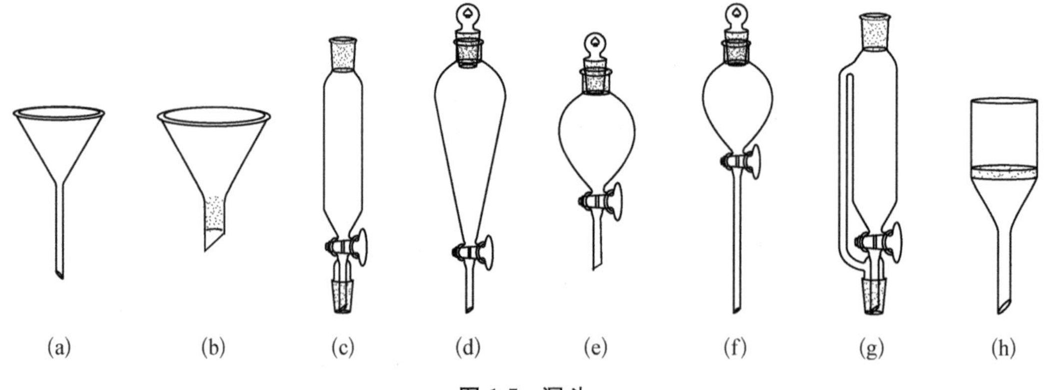

图 1.5　漏斗

(a) 长颈漏斗；(b) 带磨口漏斗；(c) 筒形分液漏斗；(d) 梨形分液漏斗；(e) 圆形分液漏斗；(f) 滴液漏斗；(g) 恒压滴液漏斗；(h) 布氏漏斗

4. 常用的配件

常用的配件如图 1.6 所示。

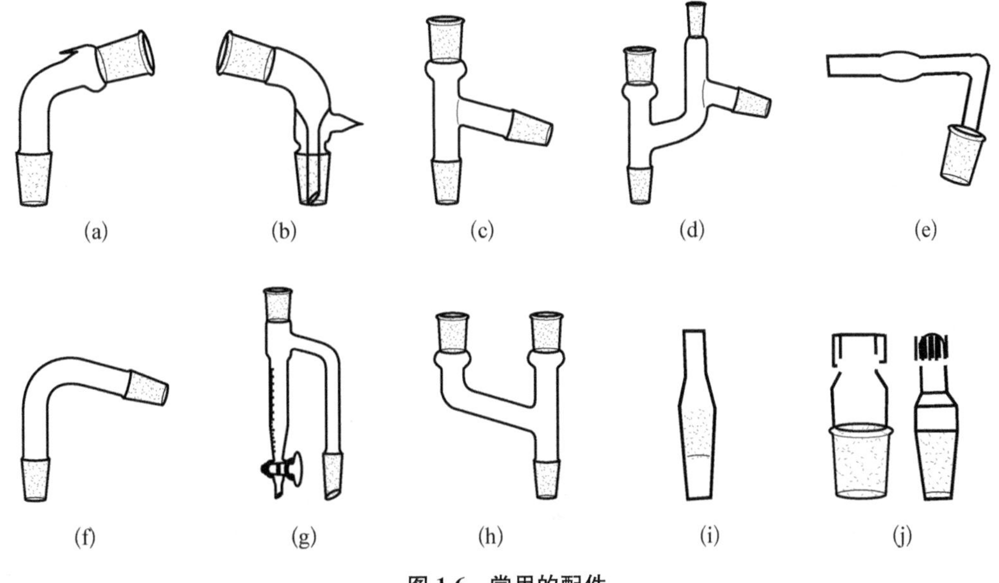

图 1.6 常用的配件

(a) 接引管;(b) 真空接引管;(c) 蒸馏头;(d) 克氏蒸馏头;(e) 弯形干燥管;(f) 75°弯管;(g) 分水器;(h) 二口连接管;(i) 搅拌套管;(j) 螺口接头

标准磨口仪器的每个部件在其口、塞的上或下显著部位均具有烤印的白色标志,表明规格。常用的有10、12、14、16、19、24、29、34、40等。表1.1中是标准磨口玻璃仪器的编号与大端直径。

表 1.1 标准磨口玻璃仪器的编号与大端直径

编 号	10	12	14	16	19	24	29	34	40
大端直径/mm	10	12.5	14.5	16	18.8	24	29.2	34.5	40

有的标准磨口玻璃仪器有两个数字,如10/30,10表示磨口大端的直径为10 mm,30表示磨口的高度为30 mm。学生使用的常量仪器一般是19号的磨口仪器,半微量实验中采用的是14号的磨口仪器。

使用磨口仪器时应注意以下几点:

(1) 磨口仪器使用后应及时清洗,否则磨口仪器容易黏结在一起,不易拆开。如果发生此情况,可用热水煮黏结处或用电吹风吹磨口处,使其膨胀而脱落,还可用木槌轻轻敲打黏结处。

(2) 带旋塞或具塞的仪器清洗后,应在塞子和磨口的接触处夹放纸片或抹凡士林,以防黏结。

(3) 一般使用时,磨口处无须涂润滑剂,以免粘有反应物或产物。但是反应中使用强碱时,则要涂润滑剂,以免磨口连接处因碱腐蚀而黏结在一起,无法拆开。当减压蒸馏时,应在磨口连接处涂润滑剂,保证装置密封性好。

1.2.2 常用的实验装置

精细化工实验中常见的实验装置如图1.7所示。

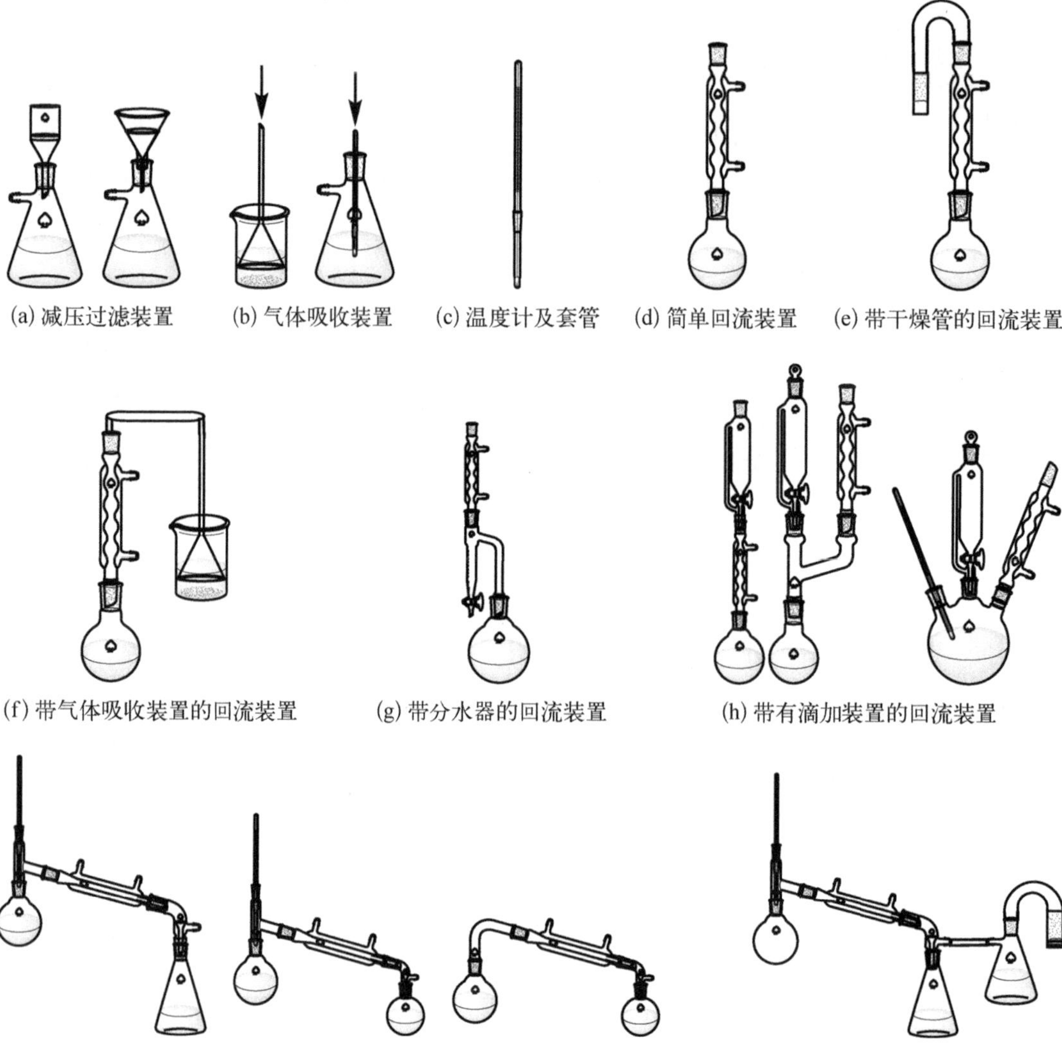

图 1.7　常见的实验装置

1.2.3　使用注意事项

1. 玻璃仪器操作注意事项

(1) 使用时要轻拿轻放，以免弄碎。

(2) 除烧杯、烧瓶和试管外，均不能用火直接加热。

(3) 锥形瓶、平底烧瓶不耐压，不能用于减压系统。

(4) 带活塞的玻璃器皿用过洗净后，在活塞与磨口之间垫上纸片，以防粘连而打不开。

(5) 温度计的水银球玻璃很薄，易碎，使用时应小心。不能将温度计当搅拌棒使用；温度计使用后应先冷却再冲洗，以免破裂；测量范围不得超出温度计刻度范围。

2. 实验安装注意事项

(1) 所用玻璃仪器和配件要干净，大小要合适；

(2) 搭建实验装置时应按照从下到上、从左到右原则,逐个装配;

(3) 拆卸时,则按从右到左、从上到下原则,逐个拆除;

(4) 常压下进行的反应装置,应与大气相通,不能密闭;

(5) 实验装置要求做到严密、正确、整齐、稳妥,磨口连接处要呈一直线;

(6) 安装仪器时,应做到横平竖直,磨口连接处不应受到歪斜产生的应力,以免仪器破裂。

3. 玻璃仪器的清洗

玻璃仪器用毕应立即清洗,一般的清洗方法是将玻璃仪器和毛刷淋湿,蘸取肥皂粉或洗涤剂,洗刷玻璃器皿的内外壁,除去污物后用水冲洗。当洁净度要求较高时,可依次用洗涤剂、蒸馏水(或去离子水)清洗;也可用超声波振荡仪来清洗。

必须反对盲目使用各种化学试剂或有机溶剂来清洗玻璃器皿,这样不仅造成浪费,而且可能带来危险,对环境产生污染。

4. 玻璃仪器的干燥

干燥玻璃仪器的方法通常有以下几种:

(1) 自然干燥:将仪器倒置,使水自然流下,晾干。

(2) 烘干:将仪器放入烘箱内烘干,仪器口朝上;也可用气流干燥器烘干或用电吹风吹干。

(3) 有机溶剂干燥:急用时可用有机溶剂助干,用少量95%乙醇或丙酮荡涤,把溶剂倒回至回收瓶中,然后用电吹风吹干。

1.2.4 溶剂处理

商品溶剂往往含有水和一些生产过程中带来的杂质。分析纯溶剂的纯化主要是除去水和溶剂分解产生的杂质。常规的纯化处理一般采用化学方法除水和蒸馏除杂相结合。对于要求比较高的合成实验,需要使用 Schelenk 溶剂处理系统来保证无水。常规的精细化工生产中,则可以通过搭建合适的回流蒸馏装置来实现较大量的溶剂处理,对于要求比较高的,可增加惰性气体保护的无水、无氧装置。常用有机溶剂的纯化方法参见本书附录2。

第2章　基础实验技术

本章提要

本章主要介绍制药和精细化工领域有机合成实验的基本实验技术，包括干燥、加热与冷却、重结晶、薄层层析、柱层析、萃取及蒸馏七类单元操作，涵盖了制药与精细化工研究中反应、纯化、过程监测的各个环节。学生通过本章的学习，将对制药与精细化工领域实验的基本操作技术有一个整体的掌握。本章除干燥、加热与冷却两个基本技术外，其余各项技术均提供了操作实验，供学生锻炼动手能力和深入理解相关技术的特点。

2.1　干燥

干燥是有机化学实验中非常普遍且十分重要的基本操作。干燥的方法大致有物理方法和化学方法两种。物理方法主要有吸附、分子筛脱水等；化学方法是用干燥剂去水，根据去水原理不同可分为与水结合生成水合物和与水起化学反应。

2.1.1　液体有机物的干燥

1. 干燥剂的选择

液体有机物的干燥通常是将干燥剂直接放入有机物中，因此选择干燥剂要考虑以下因素：与被干燥的有机物不能发生化学反应；不能溶于该有机物中；吸水量大；干燥速度快、价格便宜。常用干燥剂的性能见表2.1。

表2.1　常用干燥剂的性能

干 燥 剂	吸水容量*	干燥能力	干燥速度
氯化钙	0.97($CaCl_2 \cdot 6H_2O$)	中等	较快，放置时间长
硫酸镁	1.05($MgSO_4 \cdot 7H_2O$)	弱	较快
硫酸钠	1.25	弱	慢
硫酸钙	0.06	强	快
碳酸钾	0.2	较弱	慢
氧化钙	—	强	较快
五氧化二磷	—	强	快
分子筛	约0.25	强	快

* 吸水容量：单位质量干燥剂吸水量的多少。

2. 干燥剂的用量

干燥剂的用量通常根据干燥剂的吸水量和水在有机物中的溶解度来估算，一般用量比理论值高。当然也要考虑分子结构，含亲水性基团的化合物用量稍多些。干燥剂的用量要适当，用量少干燥不完全；用量过多，因干燥剂表面吸附而造成被干燥有机物的损失。一般用量为 10 mL 液体加 0.5～1 g 干燥剂。各类有机物常用干燥剂见表 2.2。

表 2.2　各类有机物常用干燥剂

化合物类型	干　燥　剂	化合物类型	干　燥　剂
烃	$CaCl_2$，Na，P_2O_5	酮	K_2CO_3，$CaCl_2$ $MgSO_4$，Na_2SO_4
卤代烃	$CaCl_2$，$MgSO_4$，Na_2SO_4，P_2O_5	酸、酚	$MgSO_4$，Na_2SO_4
醇	K_2CO_3，$MgSO_4$，CaO，Na_2SO_4	酯	$MgSO_4$，Na_2SO_4，K_2CO_3
醚	$CaCl_2$，P_2O_5，Na	胺	KOH，NaOH，K_2CO_3，CaO
醛	$MgSO_4$，Na_2SO_4	硝基化合物	$CaCl_2$，$MgSO_4$，Na_2SO_4

3. 操作方法

干燥前要尽可能地将有机物中的水分除去，加入干燥剂后，振荡，静置观察，若有干燥剂黏附在瓶壁上，则应再加些干燥剂。干燥前呈浑浊，则说明水分太多，要先除水；干燥后为澄清，可认为水分基本除去。干燥剂颗粒大小要适当，太大吸水慢；太小吸附有机物多。

2.1.2　固体有机物的干燥

(1) 晾干：将固体样品放在干燥的表面皿或滤纸上，摊开，再用一张滤纸覆盖，放在空气中晾干。

(2) 烘干：将固体样品置于表面皿中放在水浴上烘干，也可用红外灯或烘箱烘干。必须注意样品不能遇热分解，加热温度要低于样品的熔点。

(3) 其他干燥方法：干燥器干燥，减压恒温干燥器干燥等。对于元素分析用样品还可以通过真空干燥枪中使用五氧化二磷作为干燥剂进行干燥。

2.2　加热与冷却

加热与冷却是有机化学实验中常用的一项基本操作技能。

2.2.1　加热

有机化学实验常用的热源有煤气、酒精和电能。考虑到实验室安全问题，现在大部分实验室已经放弃明火热源，而使用电能为加热源。仅在玻璃工操作中可能使用酒精喷灯提供所需高温。玻璃工操作可以参考兰州大学有机化学实验书[1]的相关内容。加热操作可分为直接加热和间接加热。为避免直接加热可能带来的受热不均匀等问题，根据实际情况可选用以下间接加热的方式。

(1) 空气浴加热：利用热空气间接加热的原理，对沸点在80℃以上的液体均可采用。实验中常用的方法有石棉网上加热和电热套加热，其中选择与反应器尺寸配合的加热套进行加热，可以最大限度提高热能利用率和受热均匀性。

(2) 水浴加热：加热温度在80℃以下，可用水浴加热。将容器浸于水中，使水的液面高于容器内液面。

(3) 油浴：油浴的加热范围为100～250℃，油浴所能达到的最高温度取决于所用油的品种。实验室常用的油有植物油(200～220℃)、液体石蜡(220℃)、甲基硅油(200℃)等。油浴加热要注意安全，防止着火，防止溅入水滴。

(4) 沙浴：当要求加热温度较高时，可采用沙浴。沙浴温度可达350℃。

(5) 金属浴：恒温金属浴是采用半导体材质，通过电加热形式，达到恒温效果；适用于用量小，但要求加热制冷速度快的恒温实验，需使用微电脑控制的恒温金属浴仪器。

2.2.2 冷却

冷却是有机化学实验要求在低温下进行的一种常用方法，根据不同的要求，可选用不同的冷却方法：

一般情况下的冷却，可将盛有反应物的容器浸在冷水中；在室温以下冷却，可选用冰或冰水混合物；在0℃以下冷却，可用碎冰和某些无机盐按一定比例混合作为冷却剂，参见表2.3。干冰(固体二氧化碳)和丙酮、氯仿等溶剂混合，可冷却到－78℃；液氮可冷却到－188℃。

表2.3 冰盐冷却剂

盐 类	100份碎冰中加入盐的克数	达到最低温度/℃
NH_4Cl	25	－15
$NaNO_3$	50	－18
NaCl	33	－21
$CaCl_2 \cdot 6H_2O$	100	－29
$CaCl_2 \cdot 6H_2O$	143	－55

必须注意的是，当温度低于－38℃时，不能使用水银温度计，而应使用装有有机液体的低温温度计测温。

2.3 重结晶

将化合物用溶剂加热溶解后，通过缓慢冷却重新形成晶体析出的过程称为重结晶。重结晶是利用化合物之间溶解度不同的特征提纯固体有机化合物质的常用方法，也是精细化工生产中大量提纯精细化工中间体的重要手段，广泛用于小试和中试生产中。

一般重结晶只适用于纯化杂质含量在5%以下的固体有机混合物，所以从反应粗产物或提取的天然产物粗产物直接重结晶是不适宜的，必须先采用其他方法初步提纯，例如萃取、水蒸气蒸馏、减压蒸馏、打浆等，然后再用重结晶提纯。

1. 常用溶剂

在进行重结晶时，选择理想的溶剂是一个关键，理想溶剂必须具备下列条件：

(1) 不与被提纯物质起化学反应。

(2) 在较高温度时能溶解大量的被提纯物质，而在室温或更低温度时，只能溶解很少量的该种物质。

(3) 对杂质的溶解度非常大或非常小(前一种情况是使杂质留在母液中不随提纯物晶体一同析出，后一种情况是使杂质在热过滤时被滤去)。

(4) 容易挥发(溶剂的沸点较低)，易与结晶分离除去。沸点通常在50～120℃为宜。溶剂的沸点应低于被提纯物质的熔点。

(5) 能给出较好的结晶。

(6) 无毒或毒性很小。

常用的重结晶溶剂见表2.4。

表2.4 常用的重结晶溶剂

溶剂	沸点/℃	冰点/℃	与水的混溶性	极性	介电常数	易燃性	毒性
乙醚	34.6	−116	−	中等	4.3	++++	—
丙酮	56	−95	+	中等	20.7	+++	—
石油醚	60～90	—	−	非极性	2	++++	—
氯仿	61	−63	−	中等	48	0	高
甲醇	65	−98	+	极性	32.6	++	高
己烷	69	−94	−	非极性	1.9	++++	—
乙酸乙酯	77	−84	−	中等	6.0	++	—
乙醇	78.5	−177	+	极性	24.3	++	—
水	100	0		高极性	80	0	—
甲苯	110.6	−95	−	非极性	2.4	++	高
冰醋酸	118	16	+	中等	6.15	+	—

对于染料等精细化工中间体，其具有较大的芳香结构，如苯环、萘环、蒽、吡啶、呋喃、噻吩等。因此，根据相似相容的原则，往往会选择芳香性的苯系溶剂进行重结晶。如使用氯苯对4-溴-1,8-萘二甲酸酐进行重结晶，使用甲苯对4-氨基-1,8-萘酰亚胺进行重结晶等。

在几种溶剂同样都适用时，则应根据结晶的回收率、操作的难易、溶剂的毒性、易燃性和价格等因素综合考虑来加以选择。

当一种物质在一些溶剂中的溶解度太大，而在另一些溶剂中的溶解度又太小，不能选择到一种合适的溶剂时，常可使用混合溶剂而得到满意的结果。重结晶常用的混合溶剂见表2.5。

表 2.5 重结晶常用的混合溶剂

乙醇-丙酮	乙酸乙酯-正己烷
乙醇-石油醚	甲醇-二氯甲烷
乙醇-水	甲醇-乙醚
丙酮-水	甲醇-水
氯仿-石油醚	乙醚-正己烷(或石油醚)

2. 具体实验操作

(1) 溶剂的选择：取 20～30 mg 待结晶的固体粉末于一小试管中，用滴管加入 5～10 滴溶剂，并加以振荡。若此物质在溶剂中已全溶，则此溶解度过大溶剂不适用。如果该物质不溶解，加热溶剂至沸点，并逐渐滴加溶剂，若加入溶剂量达到 1 mL 而物质仍然不能全溶，则因溶解度过小必须寻求其他溶剂。如果该物质能溶解在 0.5～1 mL 的沸腾的溶剂中，则将试管进行冷却，观察结晶析出情况，如果结晶不能自行析出，可用玻璃棒摩擦溶液液面下的试管壁，或再辅以冰水冷却，以使结晶析出。若结晶仍不能析出，则此溶剂也不适用。如果结晶能正常析出，要注意析出的量。在几种溶剂用同法比较后，可以选用结晶收率最好的溶剂来进行重结晶。

(2) 溶解：通常将待结晶物质置于锥形瓶中，加入比需要量稍少的适宜溶剂，加热到微微沸腾一段时间后，逐渐添加溶剂，直至物质完全溶解(要注意判断是否有不溶性杂质存在，以免误加过多的溶剂)。溶剂的用量，一般可比需要量多加 20%左右。

(3) 活性炭脱色：粗制的化合物若含有有色杂质，在重结晶时需使用活性炭脱色。先将要脱色处理的有机化合物溶液稍微冷却(若将活性炭直接加到沸腾的溶液中，会造成暴沸，千万小心)，然后加入活性炭。活性炭的用量视杂质多少和溶液颜色深浅而定，一般为干燥粗产物质量的 1%～5%。为了使活性炭充分吸附有色杂质，加入活性炭后应再次煮沸，并保持 5～10 min，然后趁热过滤。

(4) 趁热过滤：为了避免在过滤时溶液冷却、结晶析出，须趁热快速过滤。过滤前可将漏斗等装置在烘箱中预先预热，采用颈短而粗的玻璃漏斗，铺上滤纸，快速过滤。

(5) 结晶：将滤液在冷水浴中迅速冷却并剧烈搅动时，可得到颗粒很小的晶体，但一般纯度不会太高。将滤液在室温或保温下静置使之缓慢冷却，这样得到的结晶往往比较纯净。

(6) 抽气过滤：为了将结晶从母液中分离出来，一般采用布氏漏斗进行抽气过滤(图 2.1)。吸滤瓶的侧管用耐压的真空橡胶管和水泵相连(最好中间接一安全瓶，再与水泵相连，以免操作不慎使泵中的水倒流)。布氏漏斗中铺的圆形滤纸要剪得比漏斗内径略小，使其紧贴于漏斗的底壁。

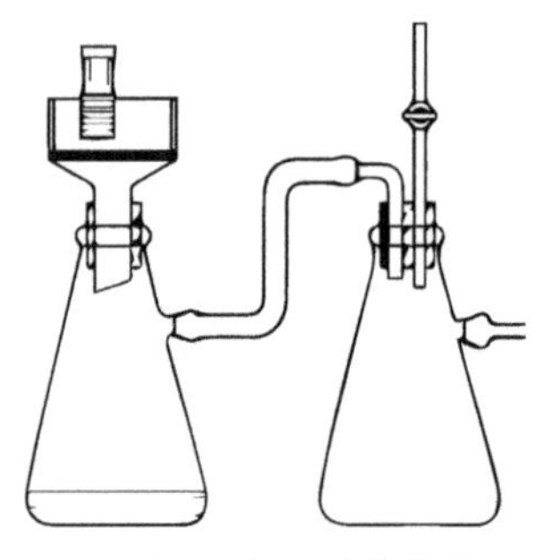

图 2.1 减压过滤装置

抽滤后布氏漏斗中的晶体要用溶剂洗涤，以除去存在于晶体表面的母液，用量应尽量少，以减少溶解损失。一般重复洗涤1～2 次即可。

(7) 结晶的干燥：重结晶后的产物经干燥后须进行熔点测试。另外，在进行定性、定量分析及波谱分析之前也必须将其充分干燥，以免影响鉴定结果。计算产率也必须使用干燥样品进行称量。固体样品干燥的方法通常有以下几种：

① 空气晾干。将抽干的固体物质转移到表面皿上铺成薄薄的一层，再用一张滤纸覆盖以免灰尘沾污，然后在室温下放置，一般要经几天后才能彻底干燥。

② 烘干。一些对热稳定的化合物，可以在低于该化合物熔点或接近溶剂沸点的温度下进行干燥。可使用红外烘箱、真空烘箱或冷冻干燥等方式进行烘干。

③ 用滤纸吸干。有时晶体吸附的溶剂在过滤时很难抽干，这时可将晶体放在二、三层滤纸上，上面再用滤纸挤压以吸出溶剂。此法的缺点是晶体上易沾污一些滤纸纤维。

④ 置于干燥器中干燥。若用水、乙醇或甲苯等高沸点溶剂进行结晶时，产品的干燥需要较长时间，至少应该过夜，彻底干燥后才能测定熔点。

(8) 重结晶的要点：不少学生在进行重结晶操作时，回收产物的量比希望得到的少，这是由以下原因造成的：① 溶解时加入了过多的溶剂；② 脱色时加入了过多的活性炭；③ 热过滤时动作太慢导致结晶在滤纸上析出；④ 结晶尚未完全时进行抽滤。注意以上几点后，通常可以提高回收率。

3. 微量物质的重结晶

微量(20～200 mg)物质重结晶，最关键的问题是要避免不必要的转移。一种方法是在小离心管中进行。热溶液制备后，立即进行离心，使不溶的杂质沉于管底，用吸管将上层清液移至另一支小离心管中，任其结晶。也可在自制的有橡胶滴头滴管的细颈部放入少许脱脂棉作为热溶液的过滤器。使用前，可用少量所使用的溶剂洗涤脱脂棉，以除去短小纤维。用一滴管将待过滤的热溶液移入滴管过滤器中，接上橡胶滴头。挤压使热溶液从滴管过滤器中经脱脂棉过滤后流入一小离心管中。如一次挤压无法将液体全部挤出，可提前在橡胶滴头上扎一小孔，挤压时将小孔压住，挤压完成后松开让空气进入。然后再次挤压，即可完全挤出。

应用离心法除去杂质或利用普通滴管作为过滤器来滤除杂质，热溶液应制备得稍稀些，使其在操作过程中不至于立即析出结晶。如制备的澄清热溶液过稀，以致冷却后不易析出结晶时，可进一步浓缩后再行冷却，任其结晶。晶体与母液分离可用离心法分离，一般以 2 000～3 000 r/min 速度离心即可使晶体坚实地沉淀于离心管底部，然后将母液吸出。晶体若需洗涤，则可加入少量合适的冷溶剂，用细玻璃棒搅匀后，再次离心，再吸除溶剂。若需再结晶，就在原来的离心管内进行。为了除去附着于晶体表面的母液，可用滤纸条吸除，再缓慢小心地真空干燥(图 2.2)，必要时还可以外加热浴。

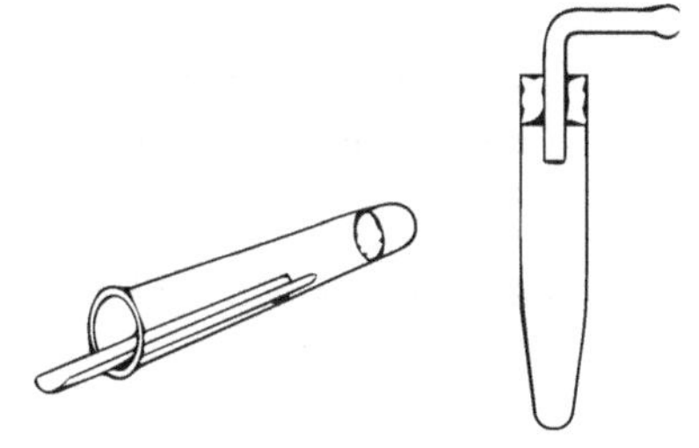

图 2.2　利用离心管分离和干燥微量晶体

也可用 Craig 管进行微量重结晶。将粗产物溶解，经脱色、热过滤后，滤液用 Craig 管收集，冷却或蒸发溶剂，使结晶析出，然后插上重结晶管的上管，放入离心试管中，离心后滤液流入离心管中，而结晶则留在重结晶管的砂芯玻璃上，借助于系在重结晶管上的金属丝将重结晶从离心管中取出。

实验举例

例 2.1　乙酰苯胺重结晶

取 2 g 粗乙酰苯胺，放入 150 mL 锥形瓶中，加入 70 mL 水。石棉网上加热至沸，并用玻璃棒不断搅动，使固体溶解。若有未完全溶解的固体，可继续加入少量热水，至其完全溶解，之后，再多加 2～3 mL 水（总量约 90 mL）。移除热源，稍冷后加入少许活性炭，稍加搅拌后继续加热微沸 5～10 min。

事先在烘箱中烘热无颈漏斗，过滤时趁热从烘箱中取出，把漏斗安置在铁圈上，在漏斗中放入一张预先叠好的折叠滤纸，并用少量热水润湿贴壁。将上述热溶液通过折叠滤纸，迅速地滤入 150 mL 烧杯中。每次倒入漏斗中的液体不要太满；也不要等溶液全部滤完后再加。在过滤过程中，应保持溶液的温度。为此可将未过滤的溶液继续用小火加热以防冷却。待所有的溶液过滤完毕后，用少量热水洗涤锥形瓶和滤纸。

滤毕，用表面皿将盛滤液的烧杯盖好，放置一旁，稍冷后，用冷水冷却以使结晶完全。如要获得较大颗粒的晶体，可在滤完后将滤液中析出的晶体重新加热使其溶解，再放置于室温下，使其缓慢冷却。

结晶完成后，使用布氏漏斗进行抽滤（滤纸先用少量冷水润湿，抽气吸紧），然后倒入结晶母液，使晶体与母液分离，并用玻璃塞挤压滤饼，使母液尽量除去。抽滤完成后，先拔下吸滤瓶上的橡胶管（或打开安全瓶上的旋塞），再停止抽气，以防止倒吸。加少量冷水至布氏漏斗中，使晶体润湿（可用刮刀使结晶松动），然后重新抽干，如此重复 1～2 次，最后用刮刀将晶体移至表面皿上，摊开成薄层，置于空气中晾干或在干燥器中干燥。

测定干燥后精制产物的熔点，并与粗产物熔点作比较，称量并计算收率。

用水重结晶乙酰苯胺时，往往会出现油珠。这是因为当温度高于 83℃时，未溶于水但已熔化的乙酰苯胺会形成另一液相，这时只要加入少量水或继续加热，此现象即可消失。

[**思考**]

1. 简述有机化合物重结晶的各个步骤及目的。
2. 某一有机化合物进行重结晶时，最适合的溶剂应该具有哪些性质？
3. 为什么活性炭要在固体物质完全溶解后加入？为什么不能在溶液沸腾时加入？
4. 用抽气过滤收集固体时，为什么在关闭水泵前，先要拆开水泵和吸滤瓶之间的连接或先打开安全瓶通大气的旋塞？
5. 重结晶操作的目的是获得最大回收率的精制品，解释下列操作为什么会得到相反的效果：

(1) 在溶解时用了不必要的大量溶剂。

(2) 抽滤得到的结晶在干燥前没有用新鲜的冷溶剂洗涤。

(3) 抽滤得到的结晶在干燥前用新鲜的热溶剂洗涤。

(4) 使用大量活性炭脱色。

(5) 结晶是从油状物的固化凝块粉碎得到的，而此油状物原来是从热溶液中析出的。

(6) 将盛有热溶液的烧瓶立即放入冰水中加速结晶。

2.4 薄层层析

薄层色谱（Thin Layer Chromatography，TLC）是一种微量、快速和简便的色谱方法。

它展开时间短(几十秒至数分钟就可达到分离目的),分离效果高(可达到300～4 000块理论塔板数),需要样品少(少到10^{-8} g)。薄层色谱可用于化合物的鉴定和分离混合物,监测反应进程等,特别是在为新反应摸索最佳反应条件或作为制备柱色谱分离的先导,为柱色谱提供理想的吸附剂和洗脱剂方面显示出巨大优势。另外如果将吸附层加厚,样品点连成一条线时,又可用作制备色谱,被称为"爬大板"。该方法可分离多达500 mg的样品,用于精制样品,特别适用于挥发性较小或在较高温度易发生变化而不能用气相色谱分析的物质。

薄层色谱通常是将吸附剂均匀地涂布在洁净的玻璃板(载玻片)上作为固定相,经干燥活化后,在薄层板的一端用毛细管点上样品,置于有适当极性的溶剂作为展开剂(流动相)的展开槽内,进行展开,当展开剂上升至一定高度后,取出薄层板。

由于混合物中的各个组分对吸附剂(固定相)的吸附能力不同,当展开剂(流动相)流经吸附剂时,发生无数次吸附和解吸过程,吸附力弱的组分随流动相迅速向前移动,吸附力强的组分滞留在后,由于各组分具有不同的移动速率,最终得以在固定相薄层上分离。展开完成后的薄板,干燥后用适当的方法显色,记录原点至主斑点中心及展开剂前沿的距离,计算比移值(R_f):

$$R_f=\frac{\text{溶质的最高浓度中心至原点中心的距离}}{\text{溶剂前沿至原点中心的距离}}$$

图2.3是二组分混合物展开后各组分的R_f。良好的分离,R_f应在0.15～0.75之间,否则应更换展开剂重新展开。

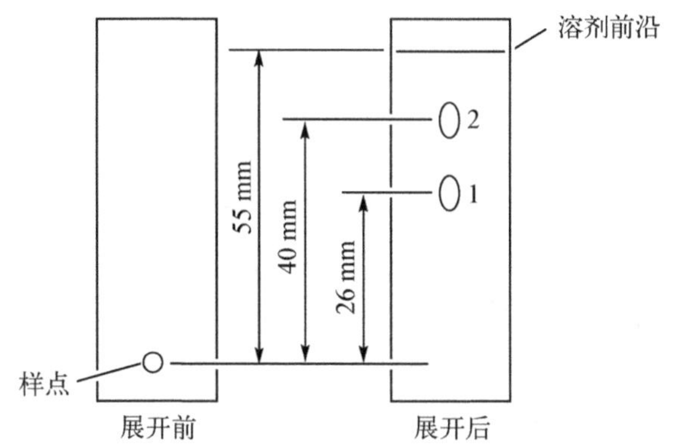

图2.3 二组分混合物的薄层色谱

1. *薄层色谱的吸附剂和支持剂*

最常用的薄层吸附色谱的吸附剂是氧化铝和硅胶,分配色谱的支持剂为硅藻土和纤维素。硅胶是无定形多孔性物质,略具酸性,适用于酸性物质的分离和分析。薄层色谱用的硅胶分为硅胶H——不含黏合剂;硅胶G——含煅石膏黏合剂;硅胶HF_{254}——含荧光物质,可于波长254 nm紫外光下观察荧光;硅胶GF_{254}——既含煅石膏又含荧光剂等类型。

吸附剂的吸附能力与颗粒大小有关。氧化铝和硅胶的颗粒大小以200目筛孔为宜,纤维素颗粒一般为150～200目筛孔。颗粒太大,展开剂推进速度过快,分离效果差;反之,颗粒太小,展开时又太慢,且易出现拖尾而不集中的斑点。

色谱用的氧化铝可分酸性、中性和碱性3种。酸性氧化铝是用1%盐酸浸泡后,用蒸馏水洗至悬浮液pH=4～4.5,用于分离酸性物质;中性氧化铝pH=7.5,用于分离中性物质,应用最广;碱性氧化铝pH=9～10,用于分离生物碱胺、碳氢化合物等。

吸附剂的活性与其含水量有关,含水量越高,活性越低,吸附剂的吸附能力越弱;反之则吸附能力越强。吸附剂的含水量和活性等级关系见表2.6。一般常用的是Ⅱ级和Ⅲ级吸附剂。Ⅰ级吸附性太强,且易吸水;Ⅴ级吸附性太弱。

表 2.6　吸附剂的含水量和活性等级关系

活性等级	Ⅰ	Ⅱ	Ⅲ	Ⅳ	Ⅴ
氧化铝含水量/%	0	3～4	5～7	9～11	15～19
硅胶含水量/%	0	5	15	25	38

2. 薄层板的制备

薄层板制备的好坏直接影响层析的效果，薄层应尽量均匀且厚度（0.25～1 mm）要一致，否则，在展开时溶剂前沿不齐，层析结果也不易重复。

薄层板分为干板与湿板。干板在涂层时不加水，一般用氧化铝作吸附剂时使用。这里主要介绍的是湿板。

平铺法：用商品或自制的薄层涂布器进行制板，它适合于科研工作中数量较大、要求较高的需要。如无涂布器，可将调好的吸附剂平铺在玻璃板（载玻片）上，也可得到厚度均匀的薄层板。

适合于教学实验的是一种简易平铺法。取 3 g 硅胶 G 与 6～7 mL 0.5%～1%的羧甲基纤维素钠的水溶液在烧杯中调成糊状物，铺在清洁干燥的载玻片上，用手轻轻在玻璃板上来回摇振，使表面均匀平滑，室温晾干后进行活化。3 g 硅胶大约可铺 7.5 cm×2.5 cm 载玻片 5～6 块。

3. 点样

通常将样品溶于低沸点溶剂（丙酮、甲醇、乙醇、氯仿、乙醚或四氯化碳等）配成 1%溶液，用内径小于 1 mm 管口平整的毛细管点样。点样前，先用铅笔在薄层板上距一端 1 cm 处轻轻画一横线作为起始线，然后用毛细管吸取样品，在起始线上小心点样，斑点直径一般不超过 2 mm。因溶液太稀，一次点样往往不够，如需重复点样，则应待前次点样的溶剂挥发后方可重点，以防样点得过大，造成拖尾、扩散等现象，影响分离效果。若在同一板上点几个样，样点间距应为 1～1.5 cm。

点样结束待样点干燥后，方可进行展开。点样要轻，不可刺破薄层。

4. 展开

（1）展开剂的选择

选择合适的展开剂对薄层色谱至关重要。展开剂的选择主要根据样品的极性、溶解度和吸附剂的活性等因素来考虑。溶剂的极性越大，对化合物的展开能力越强。表 2.7 给出了常见溶剂在硅胶板上的极性和展开能力。单一的展开剂效果不好时，可选择混合展开剂。

表 2.7　TLC 常用的展开剂

溶剂名称	烷烃（环己烷、石油醚），甲苯，二氯甲烷，乙醚，氯仿，乙酸乙酯，异丙醇，丙酮，乙醇，甲醇，乙腈，水
极性及展开能力增加	———————→

对于烃类化合物，一般采用非极性或极性较小的己烷、石油醚或甲苯作展开剂。如将已

烷或石油醚与甲苯或乙醚以各种比例混合能配成中等极性的溶剂，可适用于许多含一般官能团的化合物的分离；对极性物质的分离常常采用极性较大的溶剂，例如乙酸乙酯、丙酮或甲醇等。不同极性化合物的混合物选用不同极性的溶剂作展开剂分离的效果见图2.4。

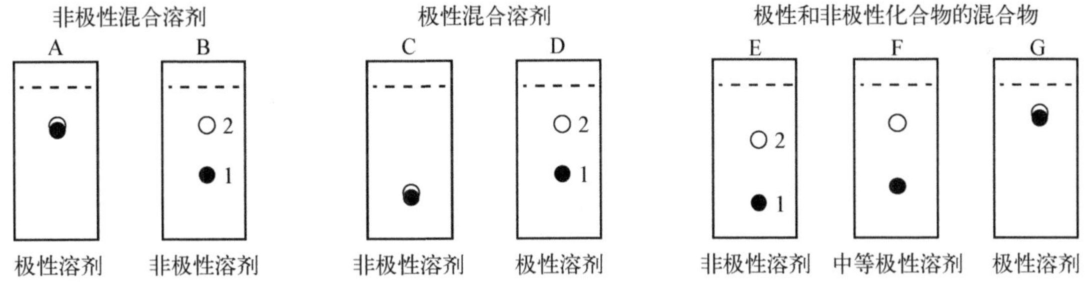

图2.4 假设的不同极性混合物的分离

（因为硅胶为极性吸附相，在所有情况下，化合物1的极性大于化合物2）

（2）展开操作

薄层色谱展开在密闭器中进行。为使溶剂蒸气迅速达到平衡，可在层析缸内衬一滤纸，一般可单向展开：将点样后的薄层板放入盛有展开剂的广口瓶中，广口瓶内衬一滤纸。展开剂浸入薄层板的高度约为0.5 cm。含有黏合剂的薄层板可以30°～45°角或垂直方式放置(图2.5)。

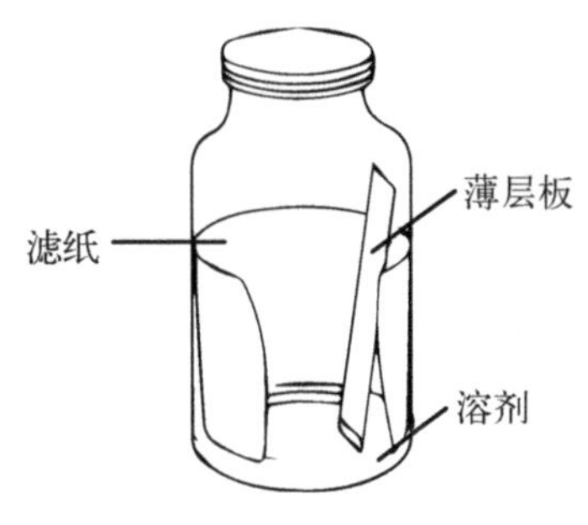

图2.5 薄层色谱展开示意

5. 显色

薄层展开后，如果样品本身是有色的，可以直接观察到分离的过程。然而许多化合物是无色的，这就存在一个显色问题，常用的显色方法有以下2种：

（1）碘熏显色。最常用的显色剂为碘，它与许多有机化合物形成褐色的配合物。方法是将几粒碘置于密闭的容器中，待容器充满碘的蒸气后，将展开后干燥的薄层板放入，碘与展开后的有机化合物可逆地结合，在几秒到几分钟内化合物的斑点位置呈褐色。薄层板取出后，碘升华逸出，故必须立即用铅笔标出化合物的位置。

（2）紫外灯显色。如果样品本身是发荧光的物质，可以在紫外灯下，观察斑点所呈现的荧光。对于不发荧光的样品，可用含有荧光剂（硫化锌镉、硅酸锌、荧光黄）的薄层板在紫外灯下观察，展开后的有机化合物在亮的荧光背景下呈暗色斑点。表2.8列出了几种类型化合物的薄层色谱。

表2.8 几类化合物的薄层色谱

类 别	吸附剂	展 开 剂	显 色 剂
生物碱	氧化铝 硅胶	（1）氯仿+5%～15%甲醇； （2）甲苯+1%～10%乙醇； （3）环己烷-氯仿(3∶7)** +0.05%二乙胺	（1）改良的碘化铋钾试剂*； （2）碘蒸气

续 表

类 别	吸附剂	展 开 剂	显 色 剂
甾族类	氧化铝 硅胶	(1) 环己烷-乙酸乙酯(7∶3); (2) 氯仿-丙酮(9∶1); (3) 甲酸-乙酸-水(5∶5∶1)	(1) 5%磷钼酸[溶于乙醇-乙醚(1∶1)溶剂中]; (2) 三氯化锑-氯仿溶液(20 mL 溶于 0.7 mL 氯仿中)
氨基酸	氧化铝 硅胶	(1) 正丁醇+50%乙醇; (2) 甲醇-乙酸(97∶3)	水合茚三酮液(0.2～0.5 mL)溶于 95 mL 乙醇,再加入 5 g 4-乙基-2-甲基吡啶
酚类	硅胶	(1) 甲苯; (2) 环己烷-氯仿-二乙胺(5∶5∶1)	5%三氯化铁溶液[溶于甲醇-水(1∶1)中]
	纤维素粉	(1) 甲苯; (2) 环己烷-氯仿-二乙胺(5∶5∶1)	
醛类	硅胶	(1) 甲苯-石油醚(1∶1); (2) 甲苯+5%乙酸乙酯	邻联茴香胺乙酸溶液
黄酮类及其单糖甙类	纤维素粉	(1) 70%醋酸; (2) 30%醋酸; (3) 丁醇-醋酸-水(4∶1∶5)	1%三氯化铝的乙醇溶液

* 改良的碘化铋钾试剂的配制:
① 取次硝酸铋 0.1 g,溶于冰醋酸 10 mL 和蒸馏水 20 mL 中。
② 取碘化钾 8 g,溶于蒸馏水 20 mL 中。
临用前,取①液 3 mL,加冰醋酸 1.5 mL 及蒸馏水 4 mL,再加②液 0.5 mL,混匀即成。
** 比例为体积比,表中同。

实验举例

例 2.2 偶氮苯和苏丹Ⅲ的分离

偶氮苯和苏丹Ⅲ由于二者极性不同,利用薄层色谱(TLC)可以将二者分离。

偶氮苯　　　　苏丹Ⅲ

[**试剂**]

1%偶氮苯的甲苯溶液,1%苏丹Ⅲ的甲苯溶液,1%的羧甲基纤维素钠(CMC)水溶液,硅胶 G,体积比 9∶1 的甲苯-乙酸乙酯。

[**步骤**]

(1) 薄层板的制备。取 7.5 cm×2.5 cm 左右的载玻片 5 片,洗净晾干。

在50 mL烧杯中，放置3 g硅胶G，逐渐加入0.5%羧甲基纤维素钠(CMC)水溶液8 mL，调成均匀的糊状，用滴管吸取此糊状物，涂于上述洁净的载玻片上，用手将带浆的载玻片在玻璃板上做上下轻微的颠动，并不时转动方向，制成薄厚均匀、表面光洁平整的薄层板，涂好硅胶G的薄层板置于水平玻璃板上，在室温放置0.5 h后，放入烘箱中，缓慢升温至110℃，恒温0.5 h，取出，稍冷后置于干燥器中备用。

(2) 点样。取2块用上述方法制好的薄层板。分别在距一端1 cm处用铅笔轻轻画一横线作为起始线。取管口平整的毛细管插入样品溶液中，在一块板的起点上点1%的偶氮苯的甲苯溶液和混合液两个样点。在第二块板的起点线上点1%的苏丹Ⅲ甲苯溶液和混合液两个样点，样点间相距1～1.5 cm。如果样点的颜色较浅，可重复点样，重复点样前必须待前次样点干燥后进行。样点直径不应超过2 mm。

(3) 展开。用9∶1的甲苯-乙酸乙酯为展开剂，待样点干燥后，小心放入已加入展开剂的250 mL广口瓶中进行展开。瓶的内壁贴一张高5 cm、环绕周长约4/5的滤纸，下面浸入展开剂中，以使容器内被展开剂蒸气饱和。点样一端应浸入展开剂约0.5 cm深。盖好瓶塞，观察展开剂前沿上升至距离板的上端约1 cm处取出，尽快用铅笔在展开剂上升的前沿处画一记号，晾干后观察分离的情况，比较二者R_f的大小。

[**思考**]

(1) 在一定的操作条件下为什么可利用R_f来鉴定化合物?

(2) 在混合物薄层色谱中，如何判定各组分在薄层上的位置?

(3) 展开剂的高度若超过了点样线，对薄层色谱有何影响?

2.5 柱层析

柱色谱(Column Choromatography)，又称柱上层析法，简称柱层析。实验室常用的柱色谱为吸附色谱，常用氧化铝和硅胶作固定相。

柱色谱利用填装在柱中的吸附剂作为固定相，将混合物中各组分先从溶液中吸附到其表面上，溶剂(流动相)流经吸附剂时，发生无数次吸附和脱附的过程，由于各组分被吸附的程度不同，吸附强的组分移动得慢留在柱的上端，吸附弱的组分移动得快在柱的下端，从而达到分离的目的。

1. 吸附剂

硅胶和氧化铝均可，选择取决于被分离化合物的种类。吸附剂一般要经过纯化和活性处理，颗粒大小应当均匀，并具有大的比表面积。颗粒大小以50～200目(50～200 μm)为宜。

2. 溶质的结构与吸附能力的关系

化合物的吸附性与它们的极性成正比，化合物分子中含有极性较大的基团时，吸附性也较强。

3. 溶解样品溶剂的选择

样品溶剂的选择也是重要的一环，通常根据被分离化合物中各种成分的极性、溶解度和吸附剂活性等来考虑：① 溶剂要求较纯，否则会影响样品的吸附和洗脱；② 溶剂和氧化铝不能起化学反应；③ 溶剂的极性应比样品极性小一些，否则样品不易被氧化铝吸附；④ 样品在溶剂中的溶解度不能太大，否则会影响吸附，但也不能太小，如太小，溶液的体积增加，易使色谱分散。常用的溶剂有石油醚、甲苯、乙醇、乙醚、氯仿等，沸点不宜过高，一般在 40～80℃。有时也可用混合溶剂。

4. 洗脱剂

样品吸附在氧化铝柱上后，用合适的溶剂进行洗脱，这种溶剂被称为洗脱剂。

色谱的展开首先使用非极性溶剂如石油醚、己烷等，用来洗脱出极性最小的组分。然后逐渐增加洗脱剂的极性，使极性不同的化合物，按极性由小到大的顺序自色谱中洗脱下来。

5. 柱色谱装置

色谱柱是一根带有下旋塞或无下旋塞的玻璃管。一般来说，吸附剂的质量应是待分离物质质量的 20～30 倍，对于极性相似的化合物，甚至可达到(100～200)∶1，所用柱的高度和直径比应为 8∶1。

6. 操作方法

(1) 装柱

装柱分为湿法装柱和干法装柱两种。装柱前应先将色谱柱洗干净，进行干燥，垂直固定于铁架上。在柱底铺一小块脱脂棉，再铺约 0.5 cm 厚的石英砂，然后进行装柱。

① 湿法装柱。将吸附剂(氧化铝或硅胶)用洗脱剂中极性最低的洗脱剂调成糊状，在柱内先加入约 3/4 柱高的洗脱剂，再将调好的吸附剂边敲打边倒入柱中，同时，打开下旋塞，在色谱柱下面放一个干净并且干燥的锥形瓶，接收洗脱剂。当装入的吸附剂有一定高度时，洗脱剂下流速度变慢，待所用吸附剂全部装完后，用留下来的洗脱剂转移残留的吸附剂，并将柱内壁残留的吸附剂淋洗下来。确保色谱柱填充均匀并没有气泡。柱子填充完后，在吸附剂上端覆盖一层约 0.5 cm 厚的石英砂。在整个装柱过程中，柱内洗脱剂的高度始终不能低于吸附剂最上端，否则柱内会出现裂痕和气泡。

② 干法装柱。在色谱柱上端放一个干燥的漏斗，将吸附剂倒入漏斗中，使其成为细流连续不断地装入柱中，并轻轻敲打色谱柱柱身，使其填充均匀，再加入洗脱剂湿润。

(2) 展开及洗脱

当溶剂下降到吸附剂表面时，立即开始进行色谱分离。把样品溶解在最少量体积的溶剂中，该溶剂一般是展开色谱的第一个洗脱剂。

用滴管把样品溶液转移到色谱柱中，并用少量溶剂分几次洗涤柱壁上所沾试液，直至无色。

色谱带的展开过程也就是样品的分离过程。在此过程中应注意：

① 洗脱剂应连续平稳地加入，不能中断。

② 在洗脱过程中，应先使用极性最小的洗脱剂淋洗，然后逐渐加大洗脱剂的极性，使洗脱剂的极性在柱中形成梯度，以形成不同的色带环。

③ 在洗脱过程中，样品在柱内的下移速度不能太快，但是也不能太慢。

④ 当色谱带出现拖尾时，可适当提高洗脱剂极性。

(3) 层析柱的检测

在分离有色物质时，可以直接观察到分离后的“色带”，然后用洗脱剂将分离后的“色带”依次自柱中洗脱出来，分别收集在不同容器中，或者将柱内溶剂吸干，挤压出柱内固体，按

“色带”分割开，再用适宜溶剂将溶质浸泡出来。

实验举例

例 2.3　荧光黄和碱性湖蓝 BB 的分离

荧光黄为橙红色，商品一般是二钠盐，其稀水溶液带有荧光黄色。碱性湖蓝 BB 又称为亚甲基蓝，为深绿色的有金属铜光泽的结晶，其稀水溶液为蓝色。它们的结构式如下：

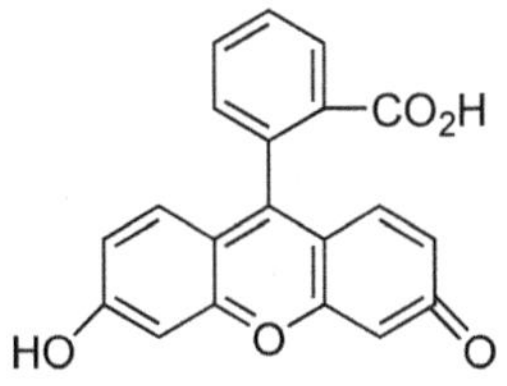

荧光黄 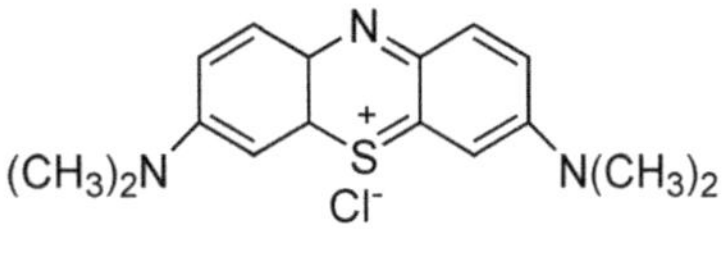　　　　碱性湖蓝BB

［**试剂**］

中性氧化铝（100～200 目），1 mL 溶有 1 mg 荧光黄和 1 mg 碱性湖蓝 BB 的 95％乙醇溶液。

［**步骤**］

取 15 cm×ϕ1.5 cm 色谱柱一根或用 25 mL 酸式滴定管一支作色谱柱，垂直装置，以 25 mL 锥形瓶作为洗脱液的接收器。

用镊子取少许脱脂棉（或玻璃棉）放于干净的色谱柱底部，轻轻塞紧，再在脱脂棉上盖一层厚 0.5 cm 的石英砂（或用一张比柱内径略小的滤纸代替），关闭旋塞，向柱中加入 95％乙醇至约为柱高的 3/4 处，打开旋塞，控制流出速度为 1 滴/s。通过一干燥的玻璃漏斗慢慢加入色谱用中性氧化铝，或将 95％乙醇与中性氧化铝先调成糊状，再徐徐倒入柱中。用木棒或带橡胶塞的玻璃棒轻轻敲打柱身下部，使填装紧密，当装柱至 3/4 时，再在上面加一层0.5 cm 厚的石英砂。操作时一直保持上述流速，注意不能使液面低于砂子的上层。

当溶剂液面刚好流至石英砂截面时，立即沿柱壁加入 1 mL 已配好的含有 1 mg 荧光黄与 1 mg 碱性湖蓝 BB 的 95％的乙醇溶液，当此溶液流至接近石英砂截面时，立即用 0.5 mL 95％乙醇溶液洗下管壁的有色物质，如此连续 2～3 次，直至洗净为止。然后在色谱柱上装置滴液漏斗，用 95％乙醇作洗脱剂进行洗脱，控制流出速度如前。

蓝色的碱性湖蓝 BB 因其极性小，首先向柱下移动，极性较大的荧光黄则留在柱的上端。当蓝色的色带快洗出时，更换另一接收器，继续洗脱，至滴出液近无色为止，再换一接收器。改用水作洗脱剂至黄绿色的荧光黄开始滴出，用另一接收器收集至黄绿色全部洗出为止，分别得到两种染料的溶液。

［**思考**］

（1）柱色谱中为什么极性大的组分要用极性较大的溶剂洗脱？

（2）柱中若留有空气或填装不匀，对分离效果有何影响？如何避免？

（3）试解释为什么荧光黄比碱性湖蓝 BB 在色谱柱上吸附得更加牢固？

2.6 萃取

萃取是有机化学实验中用来提取或纯化有机化合物的常用操作之一。

1. 基本原理

萃取是利用物质在两种不互溶(或微溶)溶剂中溶解度或分配比的不同来达到分离、提取或纯化目的的一种操作。

有机物质在有机溶剂中的溶解度,一般比在水中的溶解度大,所以可以将它们从水溶液中萃取出来。萃取原则是少量多次。

另外一类萃取原理是利用其能与被萃取物质起化学反应。这种萃取通常用于从化合物中移去少量杂质或分离混合物,操作方法与上面所述相同,常用的这类萃取剂如5%氢氧化钠水溶液,5%或10%的碳酸钠、碳酸氢钠溶液、稀盐酸、稀硫酸及浓硫酸等。如碱性的萃取剂可以从有机相中移出有机酸,或从溶于有机溶剂的有机化合物中除去酸性杂质(使酸性杂质形成钠盐溶于水中)。稀盐酸及稀硫酸可从混合物中萃取出有机碱性物质或用于除去碱性杂质。

浓硫酸可应用于从饱和烃中除去不饱和烃,从卤代烷中除去醇和醚等。

2. 萃取溶剂的选择

选择合适的萃取溶剂是能否成功地分离和纯化化合物的关键。正确选择萃取溶剂应遵循以下几点:

(1) 萃取溶剂与水不互溶或几乎不互溶;

(2) 溶剂不与混合物中的组分发生不可逆的化学反应;

(3) 被萃取物在溶剂中的溶解度大,而杂质和其他组分在其中的溶解度小;

(4) 萃取溶剂沸点不宜太高,易通过蒸馏等方法方便地从溶质中除去。

经常使用的溶剂有乙醚、石油醚、戊烷、己烷、四氯化碳、氯仿、二氯甲烷、二氯乙烷、甲苯、醋酸乙酯等。表2.9列出了一些常用萃取溶剂的有关性质。

表 2.9 常用萃取溶剂的有关性质

溶 剂	沸点/℃	在水中的溶解度/(g/100 mL)	危 险 性	相对密度	易燃性
乙醚	35	6	吸入,易燃	0.71	++++
戊烷	36	0.04	吸入,易燃	0.62	++++
石油醚	40~60	低	吸入,易燃	0.64	++++
二氯甲烷	40	2	LD_{50}=1.6 mL/kg(半数致死量)	1.32	+
石油醚	60~90	低	吸入,易燃	0.65	++++
氯仿	61	0.5	吸入	1.48	—
己烷	69	0.02	吸入,易燃	0.66	++++
甲苯	111	0.06	吸入,易燃(比苯毒性小)	0.87	++

3. 实验操作

(1) 溶液中物质的萃取

在实验中用得最多的是水溶液中物质的萃取。最常使用的萃取器皿为分液漏斗。操作时应选择容积较液体体积大一倍以上的分液漏斗，将旋塞擦干，在离旋塞孔稍远处薄薄地涂上一层润滑脂，塞好后再将旋塞旋转几圈，使润滑脂均匀分布，看上去透明即可。一般在使用前应于漏斗中放入水摇荡，检查塞子与旋塞是否渗漏，确认不漏水时方可使用。然后将漏斗固定在铁架上的铁圈中，关好旋塞，将要萃取的水溶液和萃取剂(一般为水溶液体积的 1/3)依次自上口倒入漏斗中，塞紧塞子(注意塞子不能涂润滑脂)。取下分液漏斗，用右手手掌顶住漏斗顶塞并握住漏斗，左手的食指和中指夹住下口管，同时，食指和拇指控制旋塞。然后将漏斗平放，前后摇动或做圆周运动，使液体振荡起来，两相充分接触。在振荡过程中应注意不断放气，以免萃取或洗涤时内部压力过大而造成伤害事故。放气时，将漏斗的下口向上倾斜使液体集中在下面。用控制旋塞的拇指和食指打开旋塞放气(注意下口不要对着人!)，一般振荡两三次放一次气。如此重复至放气时只有很小压力后，再剧烈振荡 2～3 min，然后再将漏斗放回铁圈中静置，待两层液体完全分层后，打开上面的玻璃塞，再将旋塞缓缓旋开，下层液体自旋塞放出。分液时一定要尽可能分离干净，有时在两相间可能出现一些絮状物也应同时放去。然后将上层液体从分液漏斗的上口倒出，切不可也从旋塞放出，以免被沾污。将水溶液倒回分液漏斗中，再用新的萃取剂萃取。萃取次数一般为 3～5 次，将所有的萃取液合并，加入过量的干燥剂干燥。然后蒸去溶剂，萃取所得的有机化合物视其性质可利用蒸馏、重结晶等方法纯化。

微量萃取操作

进行微量制备反应时，由于溶液的体积太小而无法用分液漏斗进行萃取，可采用锥形反应器或螺帽离心管(图 2.6)，可分离的溶液体积分别约为 4 mL 和 10 mL。为防止溶液洒落或溅出，反应器或离心管应置于大小合适的小烧杯中。

在进行萃取前，应仔细检查容器是否有裂缝或破损。可靠的方法是在容器中加 1 mL 水，旋紧盖帽，剧烈摇动后仔细观察有无泄漏发生。

萃取通常涉及水相和不互溶的有机相。萃取时两相必须充分混合。最简单的方法是摇振反应器或试管，也可通过磁子搅拌 5～10 min 达到混合的目的。用新鲜的溶剂进行多次萃取可使产物回收达到最大程度。

根据萃取时使用的溶剂不同，分离出水相和有机相。判断水相和有机相的一个简单方法是，在分离的水相或有机相中加入几滴水，摇动后看看是否相溶或体积发生变化。

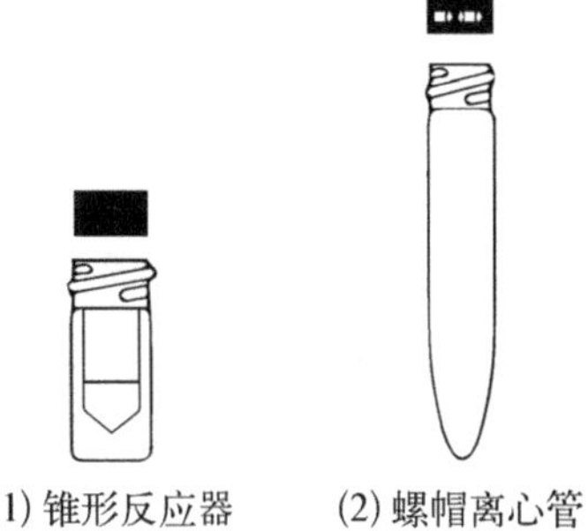

图 2.6　微量萃取装置

(2) 固体物质的萃取

从固体混合物中萃取所需物质，最简单的方法是将固体混合物粉碎研细后放入容器。接着选择适当的溶剂浸泡，用力振荡，通过过滤的方法将萃取液和残留的固体分开。若待提取物对某种溶剂的溶解性特别好，可采用洗涤的方法；若待提取物的溶解度小，则应采用脂肪提取器——索氏(Soxhlet)提取器来进行提取。

(3) 溶剂蒸发

蒸发溶剂、浓缩萃取溶剂是萃取技术及其他技术如柱色谱技术的重要操作。乙醚、二氯甲烷及苯等溶剂是易燃或有毒的。如果蒸发掉几毫升以上的溶剂就应采取措施避免使蒸气排放到室内。一种在蒸发时除去溶剂蒸气的方便措施是将其导入水泵之中,并在泵中被水吸收后排放到水槽下水管内。但这种蒸发方法对于除去大量溶剂是不适宜的,这种情况下,可用蒸馏的方法解决。

为了快速蒸发较大量的溶剂,可使用真空旋转蒸发器。

微量溶剂的蒸发

微量制备中微型反应器或试管中溶液中的溶剂,可采用合适的热源如沙浴等进行蒸发。为防止蒸发时起泡,溶液中应放置搅拌磁子或加入沸石。蒸发时应调节温度勿使溶液剧烈沸腾。通入氮气或空气吹扫,可加快蒸发速度,也可在反应器上方装置连接水泵的漏斗或将试管的支管连接水泵进行减压蒸馏。

实验举例

例 2.4 用萃取法分离一种三组分混合物。

实验室现有一种三组分混合物,已知其中含有对甲苯胺(有机碱),β-萘酚(有机弱酸)和萘(芳香性有机物),试根据各自的性质和溶解度特点,设计合理方案将各组分分离出来。

NH_2 ... CH_3

对甲苯胺
(熔点45℃)

β-萘酚
(熔点123℃)

萘
(熔点80℃)

[**参考方案**]

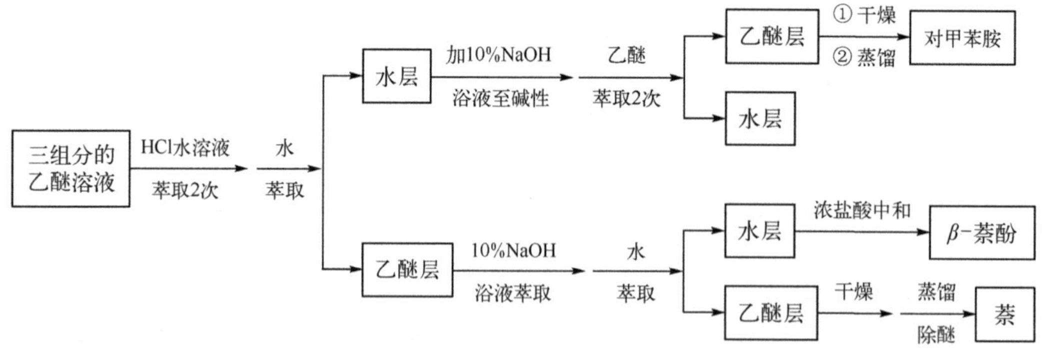

[**操作**]

取 1.5 g 三组分混合物样品溶于 12 mL 乙醚中,将溶液转入 25 mL 分液漏斗中,加入

1.5 mL浓盐酸溶解在12 mL水中的溶液，并充分摇荡，静置分层后，放出下层液体(水溶液)于锥形瓶中。再用同样的酸溶液再萃取一次。最后用6 mL水萃取，以除去可能溶于乙醚层的过量盐酸，将三次萃取液合并。在搅拌中向酸性萃取液中滴加10%NaOH溶液至石蕊试纸呈碱性为止。然后用乙醚(12 mL×2)萃取碱溶液两次。合并乙醚萃取液，用粒状氢氧化钠干燥15 min。然后将乙醚溶液滤入一个已称量(质量)的圆底烧瓶或锥形瓶中，用水浴蒸馏并回收乙醚。称量残留物并测定其熔点以确定其为哪种组分。

剩下的乙醚溶液用10% NaOH溶液萃取(5 mL×2)两次，再用6 mL水萃取一次，合并在碱性萃取液中。在搅拌下向碱性溶液中缓慢滴加浓盐酸，直到石蕊试纸呈酸性为止。在中和过程中外部用冷水浴进行冷却，至终点时有白色沉淀析出，真空抽滤，回收β-萘酚，干燥后称量并测定熔点。

将剩下的乙醚溶液从分液漏斗上部倒入一锥形瓶中，加入适量无水氯化钙并不停振荡15 min。然后将乙醚溶液滤入一已知质量的圆底烧瓶中，用水浴蒸馏并回收乙醚，称量残留物，同时测定其熔点以确定其中含哪一种组分。

必要时，每种组分可进一步重结晶，以获得熔点准确的纯品。

[**思考**]

(1) 此三组分分离实验中，利用了什么性质？在萃取过程中各组分发生的变化是什么？

(2) 乙醚作为一种常用的萃取剂，其优、缺点是什么？

(3) 若用下列溶剂萃取水溶液，它们将位于上层还是下层？

二氯甲烷、乙醚、氯仿、正己烷、甲苯

(4) 如何选择合适的萃取溶剂？

(5) 从乙醚萃取液中分离苯甲酸，β-萘酚和萘，为什么开始步骤要用碳酸氢钠的水溶液，而不是氢氧化钠的水溶液？

2.7 蒸馏

蒸馏是纯化和分离液体有机化合物最常用的方法，包括常压蒸馏、减压蒸馏、水蒸气蒸馏和分馏。另外，药物和精细化学品小试生产中常使用的旋转蒸发仪也是一种蒸馏技术，其通过旋转增加受热面积、加快蒸发速度，常用于大量溶剂的回收。常量法沸点测定也是通过蒸馏来进行的。蒸馏还可除去液体中的不挥发性组分，回收溶剂和浓缩溶液。

2.7.1 常压蒸馏

1. 基本原理

将液体加热至沸腾，使液体变为蒸气，然后通过蒸馏装置使蒸气在另一位置(冷凝管中)冷却重新凝结为液体，这两个过程的联合操作称为蒸馏。蒸馏可将易挥发和不易挥发的物质分离开来，也可将沸点不同的液体混合物分离开来。但液体混合物各组分的沸点必须相差至少40℃，才能得到较好的分离效果。

在常压下进行蒸馏时，由于大气压往往不是恰好为0.1 MPa，因而严格说来，应对观察到的沸点加上校正值，但由于偏差一般都很小，即使大气相差2.7 kPa，这项校正值也不过

±1℃左右,因此可以忽略不计。

2. 蒸馏装置及实验操作

(1) 蒸馏装置

图 2.7(1)是常用的蒸馏装置。图中尾接管为磨口带支管结构,这种装置支管处与大气相通,可能逸出馏液蒸气,若蒸馏易挥发的低沸点液体时,需将接引管的支管连上橡胶管,通向水槽或室外。支管口也可接上干燥管,可用作防潮的蒸馏。此外,在减压蒸馏时可以通过直观接入抽气装置实现。图 2.7(2)是应用空气冷凝管的蒸馏装置,常用于蒸馏沸点在 140℃以上的液体。此时,若使用直形水冷凝管,由于液体蒸气温度较高可能导致冷凝管炸裂。图 2.7(3)为蒸除较大量溶剂的装置,将常见的蒸馏头换成带支管的克氏蒸馏头,可以将待蒸馏溶液通过上方滴液漏斗不断地加入,既可以调节滴入和蒸出的速度,又可避免使用较大的蒸馏瓶。

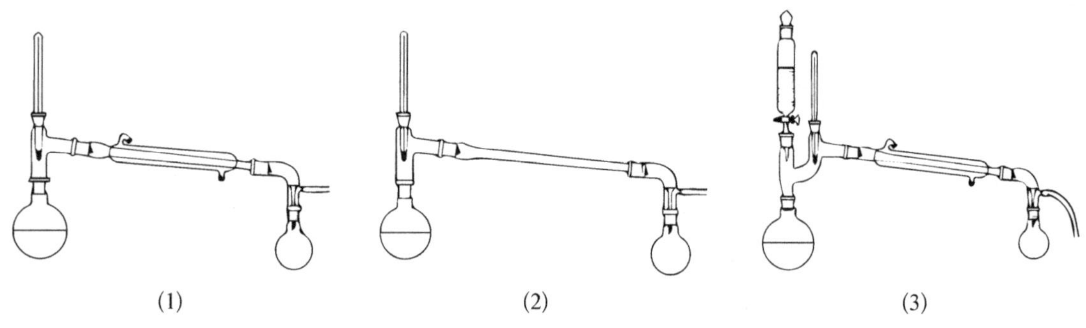

图 2.7 蒸馏装置

常用的蒸馏装置,由蒸馏瓶、温度计、冷凝管、接引管和接收瓶组成。蒸馏瓶与蒸馏头之间如果磨口不匹配,可借助转接头进行连接。磨口温度计可直接接入蒸馏头,普通的直棒型温度计通常借助温度计套管固定在蒸馏头的上口处。温度计水银球的上限应和蒸馏头侧管的下限在同一水平线上。冷凝水应从冷凝管的下口流入、上口流出,以保证冷凝管的套管中始终充满水。用不带支管的接引管时,接引管与接收瓶之间不可用磨口连接,以免使整个蒸馏系统变成封闭系统,在蒸馏过程中使系统压力过大进而发生爆炸。

此外,上述实验操作中使用的仪器必须清洁干燥,规格合适。蒸馏完成后,应及时拆卸、清洗玻璃仪器,避免造成交叉污染。

(2) 蒸馏操作

① 加料:将待蒸馏液通过玻璃漏斗小心倒入蒸馏瓶中。要注意不要让液体从蒸馏头的支管处流出。加入几粒沸石作为助沸物,塞好带温度计的塞子。再一次检查仪器的各部分连接是否紧密和妥善。

② 加热:用水冷凝管时,先由冷凝管下口缓缓通入冷水,自上口流出引至水槽中,然后开始加热。当蒸气的顶端达到温度计水银球部位时,可观察到温度计读数急剧上升。控制加热温度,调节蒸馏速度,通常以每秒 1~2 滴为宜。温度计的读数就是液体(馏出液)的沸点。蒸馏时加热的温度不能太高,否则会在蒸馏瓶的颈部造成过热现象,使温度计读得的沸点偏高;另一方面,蒸馏也不能进行得太慢,否则由于温度计的水银球不能为馏出液蒸气充分浸润而使温度计上所读得的沸点偏低或不规则。

观察沸点及收集馏液：进行蒸馏前，至少要准备两个接收瓶。一个接收“前馏分”，一个接收产品。

蒸馏完毕，应先关闭加热器电源或熄灭燃气灯，然后停止通水、拆下仪器。拆除仪器的顺序和装配的顺序相反，先拆下接收器，然后拆下接引管、冷凝管、蒸馏头和蒸馏瓶等。

液体的沸程常可代表它的纯度。纯粹的液体沸程一般不超过 1～2℃，对于合成实验的产品，因大部分是从混合物中采用蒸馏法提纯，由于蒸馏方法的分离能力有限，故在普通有机化学实验中收集的液体沸程较宽。

3. 蒸馏过程中的注意事项

(1) 加热浴的过热问题　加热浴温度比沸点高出愈多，蒸馏速度愈快。但加热浴的温度一般最高不能比沸点超出 30℃，在沸点很高的场合也绝不能超出 40℃。

(2) 对被蒸馏物性质的了解　在蒸馏前，对被蒸馏物的性质应作尽可能多的了解，如被蒸馏物的沸点范围是多少、熔点附近有无爆炸的可能等，这些是极为重要的。

4. 微量蒸馏技术

简单的蒸馏装置通常适合于体积不小于 5 mL 的液体。当需要提纯液体的体积在 0.5～5 mL 时，通常使用微量的蒸馏装置。

将待蒸馏的液体加入微型反应器或小的圆底烧瓶中，然后加入沸石或搅拌磁子，装上微型蒸馏头，在蒸馏头的顶端装上冷凝管，将冷凝下来的液体收集在微型蒸馏头中。当液体的沸点高于 150℃时，则无须加冷凝管，蒸馏头的颈部已足以使蒸气冷凝下来。测定蒸馏温度(沸程)可插入微型温度计，温度计的上部用铁夹或塞子固定(注意通大气)，水银球应位于蒸馏头颈部的下端。浴温一般高于被蒸馏的液体沸点的 20℃。蒸馏结束后，通常用滴管转移收集的液体，也可从蒸馏头的侧管小心倒出。

实验举例

例 2.5　工业乙醇的蒸馏

按图 2.7 装置仪器，用水浴代替电热套进行加热。

用蒸馏的方法将混有其他不挥发性或低挥发性的杂质的酒精提纯为 95%乙醇。

在 125 mL 蒸馏瓶中，加入 80 mL 上述含有杂质的酒精进行蒸馏，蒸馏速度不要过快，以每秒钟蒸出 1～2 滴为宜，分别收集 77℃以下和 77～79℃的馏分，并测量馏分的体积。

[**思考**]

(1) 什么叫沸点？液体的沸点和大气压有什么关系？文献上记载的某物质的沸点温度是否即为你在当地实测的沸点温度？

(2) 蒸馏时为什么蒸馏瓶所盛液体的量不应超过容积的 2/3，也不应少于 1/3？

(3) 蒸馏时加入沸石的作用是什么？如果蒸馏前忘加沸石，能否立即将沸石加至接近沸腾的液体中？当重新进行蒸馏时，用过的沸石能否继续使用？

(4) 在微量蒸馏时，装在蒸馏装置上部的温度计水银球应位于连接冷凝管的出口处附近。温度计水银球的位置在出口处以上或以下对温度计读数有何影响？

2.7.2 分馏

应用分馏柱将几种沸点相差较小或沸点相近的混合物进行分离的方法称为分馏。现在最精密的分馏设备已能将沸点相差仅 1～2℃的混合物分开。

1. 基本原理

如果将几种具有不同沸点而又可以完全互溶的液体混合物加热，当其总蒸气压等于外界压力时，就开始沸腾汽化。利用分馏柱进行的分离，在分馏过程中的液体混合物的蒸气进入分馏柱中，其中较难挥发的成分在柱内遇冷即凝为液体，流回原容器中，而易挥发成分仍为气体进入冷凝管中，冷凝为液体蒸出液(馏分)。在此过程中，柱内流回的液体和上升蒸气进行热交换，使流回液体中较易挥发的成分因遇热蒸气而再次汽化，同时，高沸点液体蒸气在柱内冷凝时放热，使气体中的易挥发成分继续保持气体上升至冷凝管中。因此，这种热交换作用是提高分馏效果的必要条件之一，即要求流回的液体和上升的蒸气在柱内有充分的接触机会。为此，通常是在分馏柱内放入填充物，或设计成各种高效的塔板，使流回的液体于其上形成一层薄膜，从而保证其与上升的蒸气有最大的接触面进行热交换。同时，也有利于气液平衡。

2. 分馏柱及分馏的效率

(1) 分馏柱

分馏柱的种类较多，实验中常用的有填充式分馏柱和刺形分馏柱[又称韦氏(Vigreux)分馏柱]。填充式分馏柱是在柱内填上各种惰性材料，以增加表面积。填料包括玻璃珠、玻璃管、陶瓷或螺旋形、马鞍形、网状等各种形状的金属片或金属丝，其效率较高，适合于分离一些沸点差距较小的化合物。韦氏分馏柱结构简单，且比填充式分馏柱黏附的液体少，缺点是比同样长度的填充柱分馏效率低，适合于分离少量且沸点差距较大的液体。若欲分离沸点相距很近的液体化合物，则必须使用精密分馏装置。

(2) 影响分馏效率的因素

分馏的效率和分馏柱的设计与操作有关，下面是几个影响分馏效率的因素。

① 理论塔板数。它是分馏柱效率高低的一个主要指标，须由实验来测定。理论塔板数愈高，分馏柱的分离能力愈强。

② 理论等板高度。它表示与一个理论塔板数所相当的分馏柱的高度，理论等板高度愈小，则单位长度分馏柱的分离效率愈高。

③ 回流比。从分馏柱顶端冷却返回到分馏柱中的液量与馏出液的液量之比为回流比。通常实验室中选择的回流比为理论塔板数的 1/5～1/10。

④ 温度梯度。温度梯度是指分馏柱底部和顶部的温度差，理想的温度梯度是柱底接近釜底溶液的沸点，从下到上逐渐降低达到柱顶接近易挥发组分的沸点。

⑤ 压力降差。即分馏柱两端的蒸气压力差，它表示分馏柱阻力的大小，取决于分馏柱的大小、种类和蒸馏速度。压力降差愈小愈好，蒸气容易上升。

⑥ 附液。分馏时留在柱中液体的量。附液也应愈少愈好，最多不宜超过被分离组分的 1/10。

⑦ 液泛。蒸馏速度增至某一程度，上升的蒸气能将下降的液体顶上去，破坏了回流，这种现象称为液泛。在分馏开始前，应先在全回流的情况下液泛 2～3 次，使分馏柱中填料充

分润湿才能正常发挥其分馏效率。但在正常进行过程中又要防止液泛，以免破坏回流和回流比。

3. 分馏装置

(1) 简单分馏

实验室中简单的分馏装置由热源蒸馏器、分馏柱、冷凝管和接收器五个部分组成(图 2.8)。安装操作与蒸馏类似，自下而上，先夹住蒸馏瓶，再装上韦氏分馏柱和蒸馏头。调节夹子使分馏柱垂直，装上冷凝管并在合适的位置夹好夹子，夹子一般不宜夹得太紧，以免应力过大造成仪器破损。连接接引管并用扣夹或橡皮筋固定，再将接收瓶与接引管用扣夹或橡皮筋固定，但切勿使橡皮筋支撑太重的负荷。如接收瓶较大或分馏过程中需接收较多的蒸出液，则最好在接收瓶底垫上用铁圈支撑的石棉网，以免发生意外。

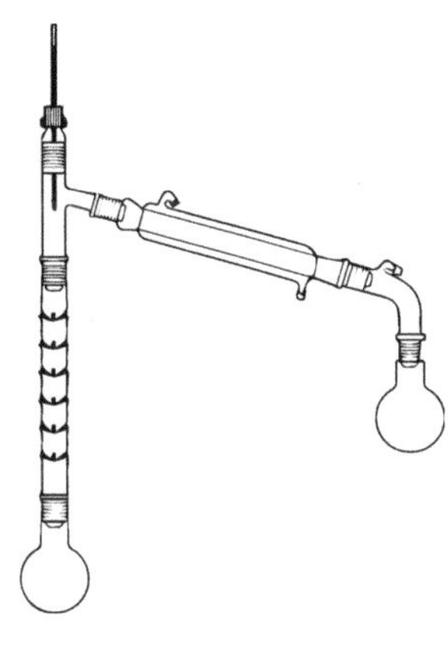

图 2.8　简单分馏装置

(2) 精密分馏

实验室常用的精密分馏装置由热源、蒸馏釜、分馏柱、分馏头、接收器、保温器等部分组成。分馏柱通常为填料式，一般都附有保温装置，常见的有电加热保温夹套和镀银保温真空套。分馏头一般为全回流可调分馏头，用以冷凝蒸气、观察温度和控制回流比。

4. 简单分馏操作

将待分馏的混合物放入圆底烧瓶中，加入沸石。柱的外围可用石棉绳包住，这样可减少柱内热量的散发，减少风和室温的影响，选用合适的热浴加热。液体沸腾后要注意调节浴温，使蒸气慢慢升入分馏柱。在有馏出液滴出后，调节浴温使得蒸出液体的速度控制在 2～3 滴/s，待低沸点组分蒸完后，再渐渐升高温度。

实验举例

例 2.6　甲醇和水的分馏

在 100 mL 圆底烧瓶中，加入 25 mL 甲醇和 25 mL 水的混合物，加入几粒沸石，按图 2.8 装好分馏装置。用水浴慢慢加热，开始沸腾后，蒸气慢慢进入分馏柱中，此时要仔细控制加热温度。使温度慢慢上升，以保持分馏柱中有一个均匀的温度梯度。当冷凝管中有蒸馏液流出时迅速记录温度计所示的温度。控制加热速度，使馏出液慢慢地、均匀地以 2 mL/min (约 60 滴)的速度流出。当柱顶温度维持在 65℃时，约收集 10 mL 馏出液(A)。随着温度上升，分别收集 65～70℃(B)、70～80℃(C)、80～90℃(D)、90～95℃(E)的馏分。瓶内所剩为残留液。90～95℃的馏分很少，需要隔石棉网直接进行加热。将不同馏分分别量出体积，以馏出液体积为横坐标，温度为纵坐标，绘制分馏曲线。

[**思考**]

(1) 若加热太快，馏出液每秒钟的滴数超过要求量，用分馏法分离两种液体的能力会显著下降，为什么？

(2) 用分馏法提纯液体时，为了取得较好的分离效果，为什么分馏柱必须保持回流液？

(3) 在分离两种沸点相近的液体时，为什么装有填料的分馏柱比不装填料的效率高？

(4) 什么是共沸混合物？为什么不能用分馏法分离共沸混合物？

(5) 在分馏时通常用水浴或油浴加热，它与明火直接加热相比有什么优点？

(6) 根据甲醇-水混合物的蒸馏和分馏曲线，哪一种方法分离混合物各组分的效率较高？为什么？

(7) 50℃时甲醇和乙醇的蒸气压分别为 54 kPa 和 29.5 kPa，如混合物在 50℃时含 0.2 mol 甲醇和 0.1 mol 乙醇，试计算每种液体的分压和总压。

2.7.3 减压蒸馏

减压蒸馏特别适用于那些在常压蒸馏时未达沸点即已受热分解、氧化或聚合的物质。

1. 基本原理

液体沸腾的温度是指它的蒸气压等于液面上方大气压时的温度，所以液体沸腾的温度是随液面上方大气压力的降低而降低的，如用真空泵连接盛有液体的容器，使液体表面上的压力降低，即可降低液体的沸腾温度，从而在较低压力下实现目标液体的蒸馏，这种蒸馏的操作称为减压蒸馏。

2. 减压蒸馏的装置

减压蒸馏装置(图 2.9)由蒸馏、抽气(减压)及在它们之间的保护和测压装置三部分组成。

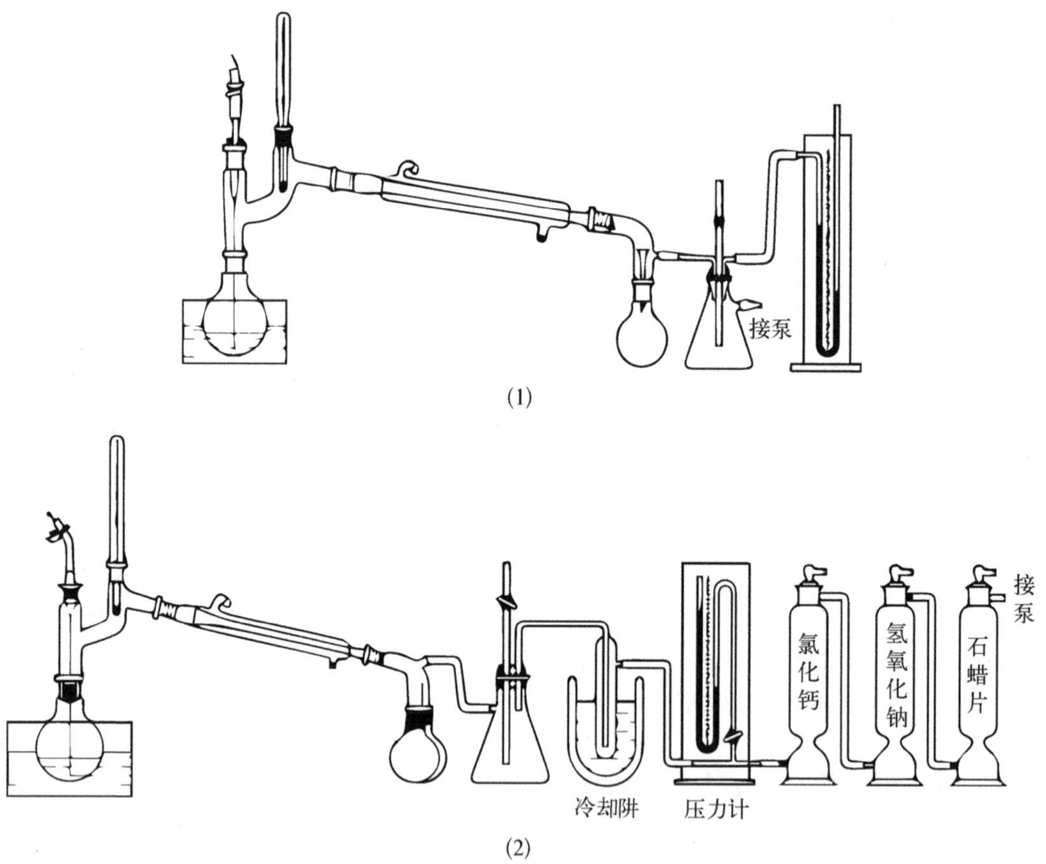

图 2.9　减压蒸馏装置

(1) 蒸馏部分 减压蒸馏瓶[又称克氏(Claisen)蒸馏瓶，在磨口仪器中用克氏蒸馏头配圆底烧瓶代替]，有两个颈，其目的是避免减压蒸馏时瓶内液体由于沸腾而冲入冷凝管中。瓶的一颈中插入温度计；另一颈中插入一根毛细管。其长度恰好使其下端距瓶底 1～2 mm。毛细管上端连有一段带螺旋夹的乳胶管。螺旋夹用以调节进入蒸馏瓶的空气量，使极少量的空气以合适的速率进入蒸馏系统中，呈微小气泡冒出，代替沸石作为液体沸腾的汽化中心，使蒸馏平稳进行。接收器可采用圆底的蒸馏瓶或吸滤瓶，但切不可用平底烧瓶或锥形瓶。

蒸馏时若要收集不同的馏分而又不中断蒸馏，则可用两尾或多尾接引管。根据蒸出液体的沸点不同，选用合适的热浴和冷凝管。

(2) 抽气部分 实验室通过用水泵或油泵进行减压。

(3) 保护及测压装置部分 当用油泵进行减压时，为了保护油泵，必须在馏液接收器与油泵之间顺次安装冷却阱和几种吸收塔，以免污染泵油，腐蚀机件致使真空度降低。

微型减压蒸馏装置由圆底烧瓶、微型蒸馏头、温度计、压力计及毛细管组成。因为实验物量小，也可以用电磁搅拌代替毛细管起到防止暴沸的作用。

3. 减压蒸馏操作

当被蒸馏物中含有低沸点的物质时，应先进行普通蒸馏，然后用水泵减压蒸去低沸点物质，最后再用油泵减压蒸馏。

在克氏蒸馏瓶中，放置待蒸馏的液体(不超过容积的 1/2)。按图 2.9 装好仪器，旋紧毛细管上的螺旋夹，打开安全瓶上的二通旋塞，然后开泵抽气(如用水泵，此时应开至最大流量)。逐渐关闭二通旋塞，从压力计上观察系统所能达到的真空度。如果是因为漏气(而不是因水泵、油泵本身效率的限制)而不能达到所需的真空度，可检查各部分塞子和橡胶管的连接处是否紧密等。必要时可用熔融的固体石蜡密封(密封应在解除真空后才能进行)。如果超过所需的真空度，可小心地旋转二通旋塞，慢慢地引进少量空气，以调节至所需的真空度。调节螺旋夹，使液体中有连续平稳的小气泡通过(如无气泡可能因毛细管已阻塞，应予更换)。开启冷凝水，选用合适的热浴加热蒸馏。加热时，克氏蒸馏瓶的圆球部位至少应有 2/3 浸入浴液中。在浴液中放一温度计，控制浴温比待蒸馏液体的沸点高 20～30℃，使每秒钟馏出 1～2 滴，在整个蒸馏过程中，都要密切注意瓶颈上的温度计和压力的读数。经常注意蒸馏情况，并记录压力、沸点等数据。纯物质的沸点范围一般不超过 1～2℃，假如起始蒸出的馏液比要收集物的沸点低，则在蒸至接近预期的温度时需要调换接收器。此时先移去热源，取下热浴，待稍冷后，渐渐打开二通旋塞，使系统与大气相通然后松开毛细管上的螺旋夹，这样可防止液体吸入毛细管。切断油泵电源，卸下接收瓶，装上另一洁净的接收瓶，再重复前述操作：开泵抽气，关闭二通旋塞，调节毛细管控制空气流量，加热蒸馏，收集所需产物。如有多尾接引管，则只要转动其位置即可收集不同馏分，可免去这些繁杂的操作。

要特别注意真空泵的转动方向。如果真空泵接线位置搞错，会使泵反向转动，导致水银冲出压力计，污染实验室。

蒸馏完毕时，与蒸馏过程中需要中断(例如调换毛细管、接受瓶)时相同，关闭加热电源或熄灭火源，撤去热浴，待稍冷后缓缓解除真空，使系统内外压力平衡后，方可关闭油泵。否则，由于系统中的压力较低，油泵中的油就有被吸入干燥塔的可能。

实验举例

例 2.7 乙酰乙酸乙酯的蒸馏

市售的乙酰乙酸乙酯中常含有少量的乙酸乙酯、乙酸和水，由于乙酰乙酸乙酯在常压蒸馏时容易分解产生去水乙酸，故必须通过减压蒸馏进行提纯。

在 50 mL 蒸馏瓶中，加入 20 mL 乙酰乙酸乙酯，按减压蒸馏装置装好仪器，通过减压蒸馏进行纯化。

[**思考**]

(1) 具有什么性质的化合物需用减压蒸馏进行提纯？

(2) 使用水泵减压蒸馏时，应采取什么预防措施？

(3) 进行减压蒸馏时，为什么必须用油浴加热？为什么必须先抽真空后加热？

(4) 使用油泵减压时，要有哪些吸收和保护装置？其作用是什么？

(5) 当减压蒸馏结束后，应如何停止减压蒸馏？为什么？

第二篇

实验部分

第 3 章　合 成 实 验

本章提要

本章介绍了制药和精细化工领域常见的合成实验，分为药物和中间体合成实验和精细化学品合成实验两个部分，每部分含七个实验。其中，药物和中间体实验按照实验的反应类型进行分类，包括药物和中间体合成常见的几类有机化学反应，如硝化反应、酰化反应、酯化反应、还原反应、缩合反应、加成反应等。精细化学品合成实验部分，以合成化学品类型进行分类，分为小分子材料、聚合物材料和聚合物微球材料三大类。包括了聚集诱导发光材料、共轭聚合物材料、微球材料等精细化学品中功能材料领域的研究热点和我国“卡脖子”技术材料，有助于学生了解精细化工功能材料领域的学术前沿和工业发展方向。

3.1　基础合成实验

3.1.1　(实验一)硝化反应：对硝基苯胺的合成

【预备知识】

对硝基苯胺(p-nitroaniline)，又名 4-硝基苯胺，是一种有机化合物，化学式为 $C_6H_6N_2O_2$，为黄色结晶性粉末，不溶于水，微溶于苯，溶于乙醇、乙醚、丙酮、甲醇，是重要的染色中间体，同时还可用作分析试剂，检测空气中的氮氧化物。

【实验目的】

1. 了解混酸硝化反应的原理和方法。
2. 掌握硝基乙酰苯胺水解的方法。

【实验原理】

对硝基苯胺是一种黄色针状晶体，易升华，有剧毒，可作染料、药物中间体和有机反应试剂，是一种常用的有机化合物。由于氨基很容易被氧化成硝基，不能通过直接硝化苯胺得到对硝基苯胺。一般先将苯胺乙酰化得到乙酰苯胺，乙酰苯胺进行硝化引入硝基，得到的硝基乙酰苯胺经过水解后即可制得粗品的对硝基苯胺。通过柱层析，可以有效分离邻、对位产物，得到纯度很高的对硝基苯胺和邻硝基苯胺。

主反应：

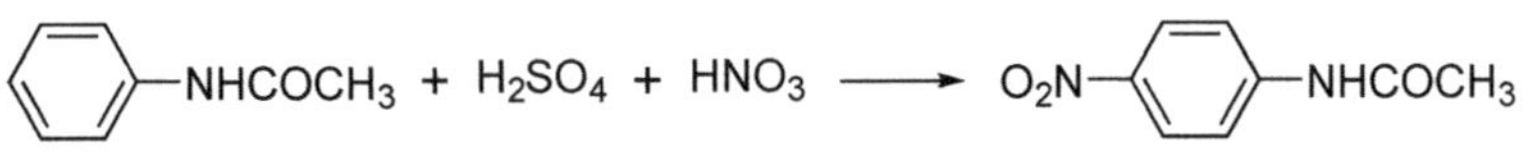

$$C_6H_5-NHCOCH_3 + H_2SO_4 + HNO_3 \longrightarrow O_2N-C_6H_4-NHCOCH_3$$

$$O_2N-C_6H_4-NHCOCH_3 + H_2O + H_2SO_4 \longrightarrow O_2N-C_6H_4-NH_2 + CH_3COOH$$

副反应：

$$C_6H_5-NHCOCH_3 + H_2SO_4 + H_2O \longrightarrow C_6H_5-NH_2 + CH_3COOH$$

$$C_6H_5-NHCOCH_3 + H_2SO_4 + HNO_3 \longrightarrow o\text{-}O_2N-C_6H_4-NHCOCH_3$$

【装置及试剂】

实验装置：抽滤装置

实验试剂：乙酰苯胺(C.P.)，硝酸(C.P.)，浓硫酸(C.P.)，冰醋酸(C.P.)，碳酸钠(C.P.)，20%NaOH溶液。

乙酰苯胺：熔点114.3℃，黄色棱柱体。

对硝基苯胺：熔点147.5℃，黄色针状晶体。有毒，能经皮肤吸收使人中毒；受热易分解，发生爆炸。

【实验步骤】

1. 对硝基乙酰苯胺制备

(1) 将4 g乙酰苯胺和4 mL冰醋酸放入100 mL锥形瓶内，用冰水冷却，边摇动锥形瓶边缓慢加入8 mL浓硫酸，使乙酰苯胺尽可能溶解完全，将制得的溶液放入冰水中冷却至0～2℃。

(2) 在冰水中配置1.8 mL浓硝酸和1.1 mL浓硫酸的混酸。一边振摇锥形瓶，一边用滴管缓慢滴加此混酸，注意使反应温度低于5℃。

(3) 从冰水中取出锥形瓶，室温放置20 min，不时用搅拌棒搅拌。

(4) 在搅拌条件下将此反应物缓慢倒入15 mL水和25 g碎冰的混合物中，立即析出固体。放置约5 min，抽滤，用冰水洗涤三次，每次5 mL。

2. 对硝基苯胺的制备

(1) 将上步反应所制得的对硝基乙酰苯胺放入100 mL烧杯中，加入18 mL 10%硫酸，加热微沸30 min。

(2) 将透明的热溶液倒入60 mL冰水中，加入过量的20%氢氧化钠溶液(约10 mL)至pH 8～9，使对硝基苯胺沉淀出来。冷却后抽滤，滤饼用冷水洗去碱液，用水重结晶。干燥，称量，计算产率。

【注释】

[1] 冰醋酸起溶解作用。

[2] 温度不可太高，否则邻位产物增多。

[3] 氢氧化钠溶液一定要过量，可用pH试纸检验。

【思考题】

1. 对硝基苯胺是否可以利用苯胺直接硝化制备?

2. 反应中若有邻硝基乙酰苯胺生成,如何除去?

3.1.2 (实验二)酰基化反应:扑热息痛药物——对乙酰氨基酚的制备

【预备知识】

对乙酰氨基酚是乙酰苯胺类解热镇痛药,又名扑热息痛。为白色结晶或结晶性粉末;无臭,味微苦。用于发热,也可用于缓解轻中度疼痛,如头痛、肌肉痛、关节痛以及神经痛、痛经、癌性痛和手术后止痛等。

【实验目的】

掌握对乙酰氨基酚的酰基化合成原理和方法。

【实验原理】

对乙酰氨基酚[*N*-(4-羟基苯基)乙酰胺],分子式 $C_8H_9NO_2$,分子量 151.170,熔点 168~172℃,能溶于乙醇、丙酮和热水,微溶于水,不溶于石油醚及苯,通常由对氨基酚酰化制得。对氨基酚在一定条件下,可以与乙酸、乙酸酐发生 *N*-酰化反应生成乙酰氨基酚。本实验利用乙酸酐作为酰化试剂和对氨基酚发生反应制备对乙酰氨基酚。反应式如下:

NH₂ HO + O O O ⟶ NH O HO

【装置及试剂】

实验装置:回流装置,抽滤装置。

实验试剂:对氨基酚,乙酸酐,0.5%亚硫酸氢钠,饱和亚硫酸氢钠。

【实验步骤】

(1) 在 100 mL 圆底烧瓶中,依次加入对氨基酚 8 g,去离子水 25 mL,乙酸酐 9 mL,轻摇混匀。

(2) 将反应瓶置于水浴锅中,于 80℃下搅拌反应 30 min。

(3) 反应完成后,稍冷,倾入 50 mL 冷水中析出固体。

(4) 抽滤,用 10 mL 冷水分两次洗涤,抽干得到粗品。

(5) 在 100 mL 烧杯中加入对乙酰氨基酚粗品,每克粗品加沸水 5 mL,振摇使其溶解。

(6) 抽滤瓶中加入饱和亚硫酸氢钠 5 mL,趁热过滤,滤液冷却结晶。

(7) 过滤,滤饼以 0.5%亚硫酸氢钠溶液 5 mL 分两次洗涤,再用纯水洗涤,抽干。

【注释】

[1] 先加水,再加乙酸酐的目的是让对氨基酚先在水中混合均匀。

[2] 加入亚硫酸氢钠饱和溶液的目的是防止对乙酰氨基酚被空气中的氧气氧化。

【思考题】

1. 试比较冰醋酸、醋酐、乙酰氯三种乙酰化剂的优缺点。

2. 精制过程选水作溶剂有哪些必要条件？应注意哪些操作上的问题？

3. 为什么乙酰化发生在氨基上而不是发生在羟基上？

4. 如何判断反应是否发生、反应进程？

3.1.3 (实验三)酯化反应：阿司匹林——2-乙酰氧基苯甲酸的制备

【预备知识】

阿司匹林为解热镇痛药，因具有解热、镇痛和消炎作用，可用于治疗伤风、感冒、头痛、发热、神经痛、关节痛及风湿病等。近年来，又证明它具有抑制血小板凝聚的作用，其治疗范围又进一步扩大到预防血栓形成，治疗心血管疾患。

【实验目的】

掌握酯化反应和重结晶的原理及基本操作。

【实验原理】

阿司匹林化学名为2-乙酰氧基苯甲酸，是白色晶体，易溶于乙醇、氯仿和乙醚，微溶于水。实验室通常采用水杨酸和醋酸酐在浓硫酸的作用下发生酰基化反应来制取。反应式如下：

$$\text{(2-HO-C}_6\text{H}_4\text{-COOH)} + (CH_3CO)_2O \xrightarrow{H_2SO_4} \text{(2-CH}_3\text{COO-C}_6\text{H}_4\text{-COOH)} + CH_3COOH$$

【装置及试剂】

实验装置：抽滤装置。
实验试剂：水杨酸，乙酸酐，硫酸。

【实验步骤】

1. 酯化

(1) 在一带有温度计、球形冷凝管、磁力搅拌的100 mL干燥单颈圆底烧瓶中，依次加入水杨酸4 g、醋酐5.5 mL、浓硫酸3滴加热，待浴温升至70℃时，维持在此温度反应30 min。

(2) 停止搅拌，稍冷，将反应液倾入80 mL冷水的烧杯中，继续搅拌，至阿司匹林全部析出。

(3) 抽滤，用少量乙醇洗涤，压干，得粗品。

2. 精制

(1) 将所得粗品置于附有球形冷凝器的100 mL圆底烧瓶中，加入20 mL无水乙醇，于水浴上加热至阿司匹林全部溶解，稍冷，加入活性炭0.5 g，回流脱色10 min，趁热抽滤。

(2) 将滤液慢慢倾入60 mL热水中，自然冷却至室温，析出白色结晶。

(3) 待结晶析出完全后，抽滤，用少量乙醇洗涤，压干，于烘箱干燥(干燥时烘箱温度不超过60℃为宜)，测熔点，计算收率。

3. 水杨酸限量检查

(1) 取阿司匹林0.1 g，加1 mL乙醇溶解后，加冷水定量，制成50 mL溶液。

(2) 立即加入 1 mL 新配制的稀硫酸铁铵溶液，摇匀；30 秒内显紫堇色，与对照液比较，颜色不得更深(0.1%)。

【注释】

[1] 乙酰水杨酸受热后易发生分解，分解温度为 128～135℃，因此重结晶时不宜长时间加热，控制水温，产品采取自然晾干。

[2] 阿司匹林的传统合成方法是用浓硫酸或浓磷酸作催化剂，以水杨酸和乙酸酐为原料反应合成。此法副产物多，设备腐蚀严重，污染环境。

【思考题】

1. 向反应液中加入少量浓硫酸的目的是什么？是否可以不加？为什么？
2. 本反应可能发生哪些副反应？产生哪些副产物？
3. 阿司匹林精制选择溶媒是依据什么原理？为何滤液要自然冷却？

3.1.4 (实验四)还原反应：苯佐卡因——对氨基苯甲酸乙酯的制备

【预备知识】

苯佐卡因为局部麻醉药，外用为撒布剂，用于手术后创伤止痛，溃疡痛，一般性止痒等。

【实验目的】

1. 通过苯佐卡因的合成，了解药物合成的基本过程。
2. 掌握氧化、酯化和还原反应的原理及基本操作。

【实验原理】

苯佐卡因的化学名为对氨基苯甲酸乙酯，化学结构式为：

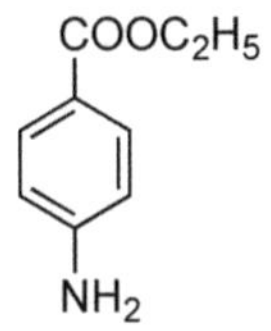

$COOC_2H_5$

NH_2

苯佐卡因为白色结晶性粉末，味微苦而麻；熔点 88～90℃；易溶于乙醇，极微溶于水。合成路线如下：

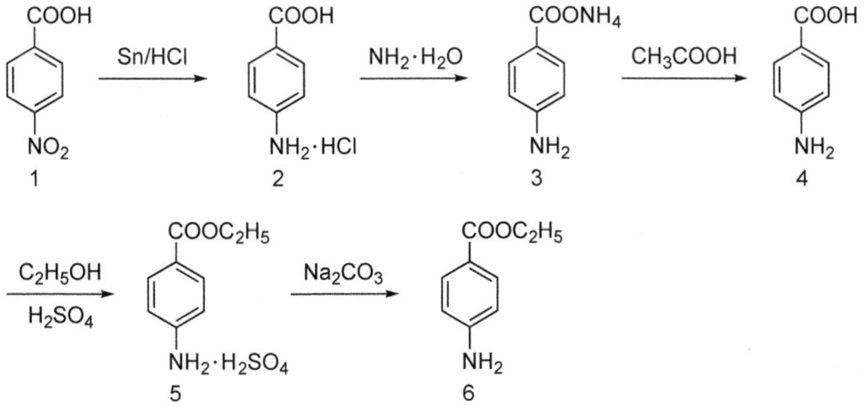

$COOH$ / NO_2 (1) $\xrightarrow{Sn/HCl}$ $COOH$ / $NH_2 \cdot HCl$ (2) $\xrightarrow{NH_2 \cdot H_2O}$ $COONH_4$ / NH_2 (3) $\xrightarrow{CH_3COOH}$ $COOH$ / NH_2 (4)

$\xrightarrow[H_2SO_4]{C_2H_5OH}$ $COOC_2H_5$ / $NH_2 \cdot H_2SO_4$ (5) $\xrightarrow{Na_2CO_3}$ $COOC_2H_5$ / NH_2 (6)

【装置及试剂】

实验装置：回流装置，抽滤装置。

实验试剂：对硝基苯甲酸，锡粉，浓盐酸，浓氨水，浓硫酸，碳酸钠，冰乙酸，无水乙醇。

【实验步骤】

1. 对氨基苯甲酸的制备

(1) 在 100 mL 圆底烧瓶中放置 4 g 对硝基苯甲酸、9 g 锡粉和 20 mL 浓盐酸，装上回流冷凝管，小火加热至还原反应发生后，移去热源，不断振荡烧瓶，必要时可再微热片刻以保持正常反应。

(2) 约 20～30 min 后，大部分锡粉均已参与反应，反应液呈透明状，稍冷，将反应液倾入烧杯中，加入浓氨水，直至溶液使 pH 试纸刚好呈碱性。

(3) 滤去析出的氢氧化锡沉淀，沉淀用少许水洗涤，合并滤液和洗液(若总体积超过 55 mL，在水浴上加热浓缩至 45～55 mL，浓缩过程中若有固体析出，应滤去)。

(4) 向滤液中小心地滴加冰乙酸，至使蓝色石蕊试纸恰好呈酸性仍有白色晶体析出为止。

(5) 在冷水浴中冷却，滤集产品，在空气中晾干后称重。

(6) 产量：约 2 g。纯对氨基苯甲酸为白色絮状晶体，于 186℃熔融并分解。

【注释】

[1] 锡在还原作用中最终变成四氯化锡，它也溶于水。但加入浓氨水至碱性后，四氯化锡变成氢氧化锡沉淀可被滤去，而对氨基苯甲酸的盐酸盐成铵盐仍溶于水。

[2] 产品对氨基苯甲酸为两性物质，故酸化或碱化时都须小心控制酸碱用量，否则严重影响产品与质量。

[3] 为使产品少受损失，可采用分步抽滤的方法。即在有产品析出后，先滤集之，再将滤液加酸，如此反复抽滤，至无沉淀析出为止。

2. 对氨基苯甲酸乙酯的制备

(1) 在干燥的 250 mL 圆底烧瓶中放置 2 g 对氨基苯甲酸、20 mL 无水乙醇、2.5 mL 浓硫酸，混匀后投入沸石，水浴加热回流 1～1.5 h。

(2) 将反应液趁热倒入装有 85 mL 冷水的 250 mL 烧杯中，得一透明溶液。

(3) 在不断搅拌下加入碳酸钠固体粉末至液面有少许白色沉淀出现，然后慢慢加入 10%碳酸钠溶液，使溶液对 pH 试纸呈中性，滤集沉淀，少量水洗涤，抽干，空气中晾干。

(4) 必要时可用 50%乙醇重结晶。产量：1～2 g。

【注释】

[1] 加浓硫酸时要慢，且不断振荡烧瓶使之在反应液中分散均匀，以防加热后引起碳化。

[2] 加碳酸钠粉末时要少量多次，每次加入后必须等反应完全后再可补加，切忌过量。

【思考题】

1. 将对硝基苯甲酸还原为对氨基苯甲酸时，还可以用别的还原剂吗？

2. 酯化反应为什么需要无水操作?

3.1.5　(实验五)酰氯的制备：扑炎痛——2-乙酰氧基苯甲酸-乙酰氨基苯酯

【预备知识】

扑炎痛为一种新型解热镇痛抗炎药，是由阿司匹林和扑热息痛经拼合原理制成的，既有阿司匹林的解热镇痛消炎作用，又保留了扑热息痛的解热作用。由于药品的体内分解不在胃肠道，因而克服了阿司匹林对胃肠道的刺激，克服了阿司匹林用于抗炎引起胃痛、胃出血、胃溃疡等缺点。适用于急、慢性风湿性关节炎，风湿痛，感冒发热，头痛及神经痛等。

【实验目的】

1. 通过乙酰水杨酰氯的制备，了解氯化试剂的选择及操作中的注意事项。
2. 通过本实验了解拼合原理在化学结构修饰方面的应用。
3. 通过本实验了解 Schotten-Baumann 酯化反应原理。

【实验原理】

扑炎痛化学名为 2-乙酰氧基苯甲酸-乙酰氨基苯酯，化学结构式为

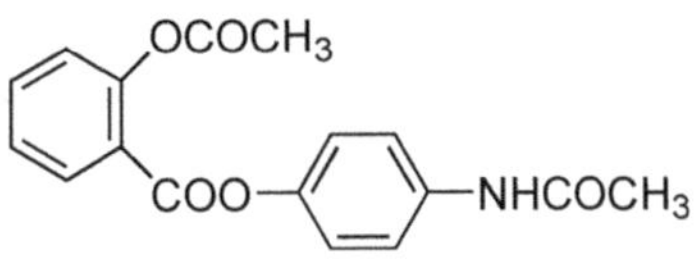

$OCOCH_3$ / COO—⟨苯环⟩—$NHCOCH_3$

扑炎痛为白色结晶性粉末，无臭无味。熔点 174～178℃，不溶于水，微溶于乙醇，溶于氯仿、丙酮。合成路线如下：

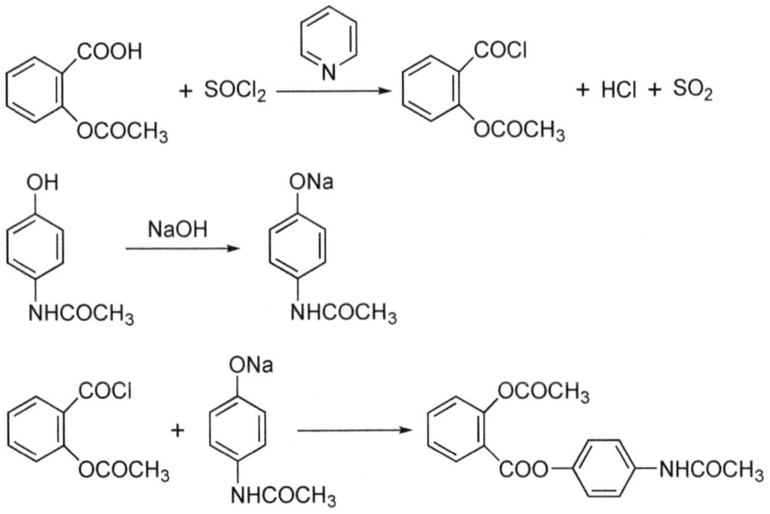

(2-乙酰氧基苯甲酸, $COOH$, $OCOCH_3$) + $SOCl_2$ $\xrightarrow{\text{吡啶}}$ (2-乙酰氧基苯甲酰氯, $COCl$, $OCOCH_3$) + HCl + SO_2

(对乙酰氨基苯酚, OH, $NHCOCH_3$) $\xrightarrow{NaOH}$ (ONa, $NHCOCH_3$)

(COCl, $OCOCH_3$) + (ONa, $NHCOCH_3$) $\longrightarrow$ ($OCOCH_3$, COO—⟨苯环⟩—$NHCOCH_3$)

【装置及试剂】

实验装置：球形冷凝管，抽滤装置。

实验试剂：水杨酸，氯化亚砜，吡啶，氢氧化钠，阿司匹林，扑热息痛。

【实验步骤】

1. 乙酰水杨酰氯的制备

(1) 在一个带有温度计、冷凝管和磁力搅拌的 100 mL 干燥三颈圆底烧瓶中,依次加入乙酰水杨酸 2.7 g(15 mmol),吡啶 15 mg(0.19 mmol,玻璃滴管约量取 3 滴),控温在 20℃以下,在磁力搅拌条件下,滴加氯化亚砜 2.5 g(1.5 mL),迅速装上球形冷凝器(顶端附有氯化钙干燥管,干燥管连有导气管,导气管另一端通到 NaOH 溶液的烧杯中)。

(2) 升温至 80℃,反应物溶解成黄色时,继续反应 2 h。

(3) 冷却,之后在 80～100℃常压下蒸去过量的氯化亚砜和吡啶,得乙酰水杨酰氯(氯化亚砜沸点:78.8℃;吡啶沸点:115.2℃)。

2. 扑炎痛的制备

(1) 在装有搅拌棒及温度计的 100 mL 三颈瓶中,加入扑热息痛 2.5 g、水 13 mL。冰水浴冷至 10℃左右,在搅拌下滴加氢氧化钠溶液(氢氧化钠 0.9 g 加 5 mL 水配成,用滴管滴加)。

(2) 滴加完毕,在 8～12℃强烈搅拌下,慢慢滴加上次实验制得的乙酰水杨酰氯丙酮溶液(在 20 min 左右滴完)。

(3) 滴加完毕,调至 pH≥10,控制温度在 8～12℃继续搅拌反应 60 min,抽滤,水洗至中性,得粗品,计算收率。

3. 精制

(1) 将粗品置于装有球形冷凝器的 100 mL 圆底烧瓶中,加入 10 倍量(w/v)95%乙醇,在水浴上加热溶解。

(2) 稍冷,加活性炭脱色(活性炭用量视粗品颜色而定),加热回流 15 min,趁热抽滤(布氏漏斗、抽滤瓶应预热)。

(3) 将滤液趁热转移至烧杯中,自然冷却,待结晶完全析出后,抽滤,压干。

(4) 用少量乙醇(1～5 mL)洗涤一次,压干,干燥,测熔点,计算收率。

【注释】

[1] 二氯亚砜是由羧酸制备酰氯最常用的氯化试剂,不仅价格便宜而且沸点低,生成的副产物均为挥发性气体,故所得酰氯产品易于纯化。二氯亚砜遇水可分解为二氧化硫和氯化氢,因此所用仪器均需干燥;加热时不能用水浴。反应用阿司匹林需在 60℃干燥 4 h。吡啶作为催化剂,用量不宜过多,否则影响产品的质量。制得的酰氯不应久置,最好现用现制。

[2] 扑炎痛制备采用 Schotten-Baumann 方法酯化,即乙酰水杨酰氯与对乙酰氨基酚钠缩合酯化。由于扑热息痛酚羟基与苯环共轭,加之苯环上又有吸电子的乙酰氨基,因此酚羟基上电子云密度较低,亲核反应性较弱;成盐后酚羟基氧原子电子云密度增高,有利于亲核反应;此外,酚钠成酯,还可避免生成氯化氢(盐酸),使新生成的酯键水解。

【思考题】

1. 对于乙酰水杨酰氯的制备,操作上应注意哪些事项?

2. 对于扑炎痛的制备,为什么采用先制备对乙酰氨基酚钠,再与乙酰水杨酰氯进行酯化,而不直接酯化?

3. 通过本实验说明酯化反应在结构修饰上的意义。

3.1.6 (实验六)乙酰乙酸乙酯的应用：止咳酮——4-苯基-2-丁酮的制备

【预备知识】

止咳酮(4-苯基-2-丁酮)存在于丁烈香杜鹃的挥发油中，具有止咳、祛痰作用。由于本品常态下为液态，制药上多制成亚硫酸氢钠加成物，以方便运输、保存，同时又不影响药效，现已应用于生产之中。

【实验目的】

1. 了解乙酰乙酸乙酯在药物合成中的应用。
2. 了解亚硫酸氢钠对酮的加成反应。

【实验原理】

止咳酮是以乙酰乙酸乙酯为原料，然后在醇钠作用下与苄基氯作用，经酮式分解制成4-苯基-2-丁酮，再与焦亚硫酸钠制成加成物，最后用70%乙醇水溶液重结晶后得到止咳酮。反应式如下：

$$CH_3COCH_2COOC_2H_5 \xrightarrow[CH_3OH]{CH_3ONa} [CH_3CO\overset{-}{C}HCOOC_2H_5]Na^+ \xrightarrow{PhCH_2Cl}$$

$$CH_3COCH(CH_2Ph)COONa \xrightarrow[\triangle]{HCl} CH_3COCH_2CH_2Ph \xrightarrow[H_2O]{Na_2S_2O_5} CH_3C(OH)(SO_3Na)CH_2CH_2Ph$$

【装置及试剂】

实验装置：回流装置，蒸馏装置，萃取装置，抽滤装置。

实验试剂：甲醇钠，乙酰乙酸乙酯，氯化苄，乙醇(95%)，焦亚硫酸钠，浓盐酸，氢氧化钠。

【实验步骤】

1. 4-苯基-2-丁酮的制备

(1) 在装有搅拌器、回流冷凝管和恒压滴液漏斗的干燥100 mL三口烧瓶中，加入2.9 g乙醇钠，在室温下搅拌，并缓慢滴入5 mL乙酰乙酸乙酯，搅拌10 min。

(2) 在室温下持续搅拌，并滴加氯化苄3.8 mL，约半小时滴完，继续搅拌10 min后，再加热回流40 min，反应物呈米黄色乳浊液体。

(3) 停止加热，稍冷后慢慢加入配制好的氢氧化钠溶液(2 g氢氧化钠溶于20 mL水中)，10 min加完。

(4) 此时反应液由土黄色变为橙黄色，并呈弱碱性(测试pH)，然后加热回流水解50 min，有油层析出，水层pH=8～9。

(5) 停止加热，冷却到40℃以下，缓缓加入4.8 mL浓盐酸至pH=1～2(约15 min加完)，再加热回流50 min，脱羧反应结束。

(6) 将反应装置改为蒸馏装置，水浴加热，蒸出63～85℃低沸物(丙酮、甲醇、乙醇等)，停止加热。

(7) 冷却后,将剩余的反应液转入分液漏斗中,静置、分出油层,该油层即为 4-苯基-2-丁酮及副产物(主要是二苄基取代物及未水解产物)的混合物,简称"粗油"。

2. 亚硫酸氢钠加成物的制备

(1) 在 50 mL 锥形瓶中,加入粗状产品和 95%乙醇水溶液(1 g 粗油中加入 3.4 mL 95%乙醇),在水浴上加热到 60℃,得溶液甲。

(2) 在另一个 50 mL 圆底烧瓶中,加入焦亚硫酸钠和水(1 g 粗油中加入 0.54 g $Na_2S_2O_5$ 和 2.8 mL 水),加热到 80℃左右成透明的溶液乙。

(3) 趁热将溶液甲缓慢倒入溶液乙中,并不停搅拌,然后回流 15 min,溶液透明后放置,冷却待结晶完全析出后过滤,以少量 95%乙醇洗两遍,晾干,得到片状白色结晶。

3. 止咳酮的提纯

(1) 将上述粗产品用 70%乙醇重结晶,约用 50 mL,加入两粒沸石,加热回流 15 min,趁热过滤,得无色澄清溶液。

(2) 冷却结晶过滤,得白色片状晶体止咳酮。

【注释】

[1] 若溶液中尚有少量不溶物,暂时留在粗产品结晶中也无妨,可在下一步重结晶时热过滤除去。

[2] 溶剂不要加得过多。

[3] 若用减压蒸馏后的 4-苯基-2-丁酮纯产品加成,则加成物可不必重结晶。

【思考题】

1. 4-苯基-2-丁酮生成后,分别加氢氧化钠溶液和盐酸回流的目的何在?

2. 本实验有哪些副产物?应如何除去?

3.1.7 (实验七)Michael 加成反应:尼群地平——硝苯乙吡啶的制备

【预备知识】

尼群地平(Nitrendipine),别名:硝苯乙吡啶,本品为钙通道阻滞药,1985 年于德国首次上市,为第二代二氢吡啶类钙拮抗剂。用于治疗高血压、充血性心力衰竭,可用于伴有心绞痛的高血压。

【实验目的】

了解 Knoevenagel 缩合反应、Michael 加成反应的原理和操作方法。

【实验原理】

尼群地平化学名为 2,6-二甲基-4(3-硝基苯基)1,4-二氢-3,5-吡啶二甲酸甲乙酯。本实验以间硝基苯甲醛为原料合成尼群地平。合成路线如下:

NH$_4$HCO$_3$, 35℃,12h

+ $(CH_3CO)_2O$ + NO$_2$ CHO — 0℃~r.t, H_2SO_4(浓) → O$_2$N

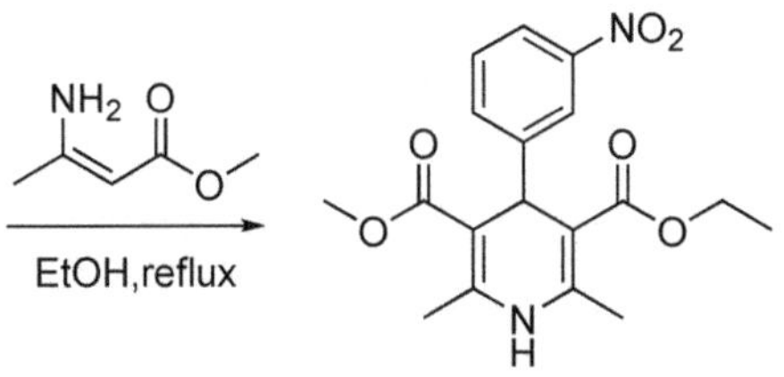

【装置及试剂】

实验装置：回流装置，抽滤装置。

实验试剂：3-硝基苯甲醛(9 g,0.06 mol)，乙酰乙酸乙酯(17 mL,0.13 mol)，浓硫酸，无水乙醇，β-氨基巴豆酸甲酯(3 g,0.03 mol)，乙酰乙酸甲酯，碳酸氢铵，乙酸酐。

【实验步骤】

1. β-氨基巴豆酸甲酯的合成

(1) 向配有搅拌器和回流冷凝器的50 mL圆底烧瓶中，加入5.5 mL(0.05 mol)乙酰乙酸甲酯和8.1 g碳酸氢铵。

(2) 于35℃下搅拌反应，保持该温度条件下反应约12 h，直到混合物完全固化，抽滤，然后用水洗涤至中性，最后用95%乙醇(10 mL×3)洗涤并干燥，得到白色固体。

(3) 计算收率并测定熔点(82～83℃)；粗品也可以用无水甲醇重结晶。

2. 3-硝基亚苄基乙酰乙酸乙酯的制备

(1) 将9.7 mL乙酰乙酸乙酯(0.075 mol)和4.8 mL乙酸酐(0.05 mol)加入250 mL干燥的三口烧瓶中，搅拌下冷却至0℃，缓慢滴加0.7 mL浓硫酸。

(2) 滴毕，分数次(5～10次)加入7.6 g间硝基苯甲醛，在此期间，保持反应温度不超过5℃，间硝基苯甲醛加完后，自然升至室温，反应混合物变为透明，然后逐渐变得黏稠。

(3) 在室温下继续反应1 h，之后加入10 mL 95%乙醇溶液，搅拌条件下，在10 min内冷却至0～5℃，保持该温度0.5 h，抽滤，所得滤饼用冰冷的95%乙醇洗涤2次(10 mL×2)，再用冰水洗涤至pH =6，自然晾干，得到灰白色固体，计算收率并测定熔点(107～109℃)。

3. 尼群地平的合成

(1) 向装有搅拌器、回流冷凝管的干燥的250 mL三口烧瓶中，依次加入18 mL无水乙醇、5.3 g 3-硝基亚苄基乙酰乙酸乙酯和2.8 g β-氨基巴豆酸甲酯，搅拌，加热回流反应1 h左右，加入0.4 mL浓盐酸，继续加热回流0.5 h。

(2) 稍冷，滴加10 mL水。缓慢冷却到室温，于0～5℃放置2 h以析出晶体，抽滤，所得滤饼用冰冷的50%乙醇洗涤3次(10 mL×2)，真空干燥得浅黄色晶体，粗品也可以用无水乙醇重结晶，计算收率并测定熔点(157~159℃)。

【注释】

[1] 搅拌要充分，确保反应物充分接触，但要避免反应混合物飞溅。

[2] 碳酸氢铵在35℃以上开始分解，产生氨气和水，如果温度过低，反应较慢；而如果温度过高，碳酸氢铵分解过快，导致收率较低。

[3] 反应过程中释放出的水与硫酸混溶，及时与反应体系分离，有利于化学平衡向右移动，达到较高的反应转化率。

[4] 低温反应既避免了高温反应所引起的副反应又便于操作。

[5] β-氨基巴豆酸甲酯：干燥体系中由乙酰乙酸乙酯为原料，在甲醇溶剂中通入干燥氨气制得。

[6] 尼群地平：黄色结晶或结晶性粉末，无臭、无味。易溶于丙酮及氯仿，稍易溶于乙腈及乙酸乙酯，稍难溶于甲醇及乙醇，难溶于乙醚，几乎不溶于水，外消旋体，光照下缓慢变色，故生产贮存过程中应避光。熔点 157～159℃。

【思考题】

1. 在 3-硝基亚苄基乙酰乙酸乙酯的制备过程中，加入乙酸酐和浓硫酸的目的是什么？
2. Michael 加成反应的原理是什么？

3.2 精细化学品合成实验

3.2.1 (实验一)树枝状分子的合成：环三磷腈树状分子

【预备知识】

树状分子是由单体缔合而成的规整的超支化分子，通过逐步合成可以完美地控制分子的三维结构、形状、大小、终端功能的数量和类型。环三磷腈系列化合物作为树枝状分子合成的核心之一，其特点为末端有六个容易被亲核试剂进攻的 P－Cl 单元，通过选择不同的亲核试剂，可以得到不同取代基种类和数目的环磷腈衍生物。

【实验目的】

1. 了解磷酰氯取代反应。
2. 掌握多取代反应的控制。

【装置及试剂】

实验装置：反应装置柱层析装置。

实验试剂：六氯环三聚磷腈(HCCP，AR)，4-羟基苯甲醛(AR)，THF(AR)，Cs_2CO_3(AR)，1，4-联苯二酚(AR)，NaH(AR)，K_2CO_3(AR)，Et_3N(AR)。

【实验步骤】

1. 化合物 1a 的合成

HCCP + OHC–C₆H₄–OH $\xrightarrow[\text{THF}]{K_2CO_3}$ 化合物1a

化合物1a

实验步骤如下：

(1) 在50 mL三口烧瓶中加入K_2CO_3(1.69 g,5.18 mmol)、对羟基苯甲醛(316.16 mg,2.59 mmol)以及新制无水THF(10 mL),在0℃下搅拌混合溶液30 min。

(2) 将HCCP(1.00 g,2.88 mmol)溶于新制无水THF(20 mL)中,制得的溶液逐滴加入上述反应体系中,并在室温下搅拌。

(3) 通过^{31}P NMR监测反应的进行,直到原料HCCP中的磷信号(δ=20.43 ppm)消失。

(4) 约16 h后反应完成,通过离心除去沉淀收集上层清液。旋转蒸发法除去溶剂后,通过柱色谱法对粗产物进行纯化,层析液选择石油醚/乙酸乙酯(体积比为20∶1)。得到化合物1a(0.86 g,69.1%),纯品为无色结晶固体。

2. 化合物1b以及1d的合成

Cs_2CO_3
THF

化合物1b

实验步骤如下:

(1) 在氮气氛围及冰浴条件下,向50 mL三口烧瓶中加入新制无水THF 10 mL、HCCP(1.00 g,2.88 mmol)和Cs_2CO_3(2.06 g,6.33 mmol),然后逐滴加入联苯二酚的THF溶液(将联苯二酚0.59 g溶于10 mL THF)。

(2) 室温下搅拌反应混合物,通过^{31}P NMR监测反应的进行,直至原料HCCP中的磷信号消失。

(3) 将反应混合物过滤并通过旋转蒸发仪除去有机相。得到粗产物用石油醚和二氯甲烷进行重结晶[DCM∶PE =1∶15(体积比),R_f=0.5],最终得到白色晶体产物1b(1.21 g,91.1%)。

Cs_2CO_3
THF

化合物1d

通过类似于用于合成化合物1b的合成步骤制备化合物1d。涉及使用的试剂量如下:HCCP(1.00 g,2.88 mmol),Cs_2CO_3(4.69 g,14.38 mmol),2,2-二羟基联苯(1.18 g,6.33 mmol),最终得到白色晶体产物1d(1.52 g, 92.3%)。

3. 化合物1c的合成

实验步骤如下:

(1) 在冰浴以及氮气氛围条件下,向50 mL三口烧瓶中加入用10 mL THF溶解的对羟基苯甲醛(1.05 g,8.63 mmol)和K_2CO_3(1.79 g,12.94 mmol),然后将HCCP(1.00 g,2.88 mmol)

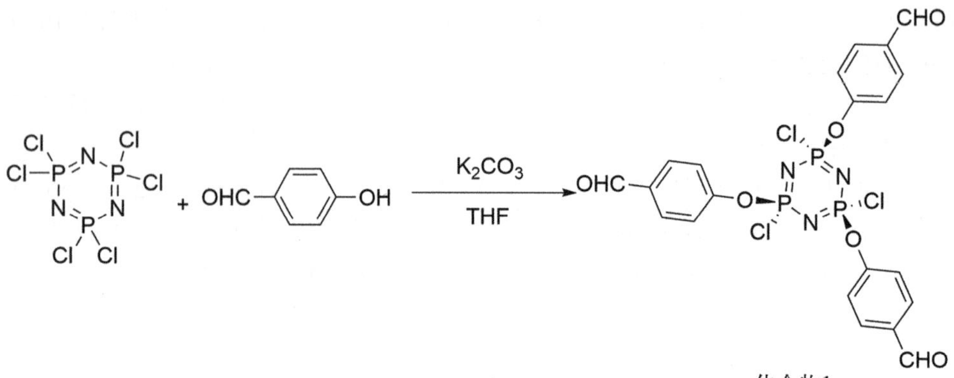

化合物1c

溶于 20 mL THF 中，将制得的溶液逐滴加入反应体系中，并在室温下进行磁力搅拌。

（2）通过^{31}P NMR 监测反应进程，直至原料 HCCP 中的核磁磷信号消失。

（3）通过离心除去盐后，对澄清溶液进行减压浓缩并通过快速色谱柱纯化得到化合物 1c，使用的层析液为石油醚/乙酸乙酯（体积比 15∶1），得到的纯品为无色结晶固体（0.30 g，17.4%）。

4. 化合物 1e 的合成

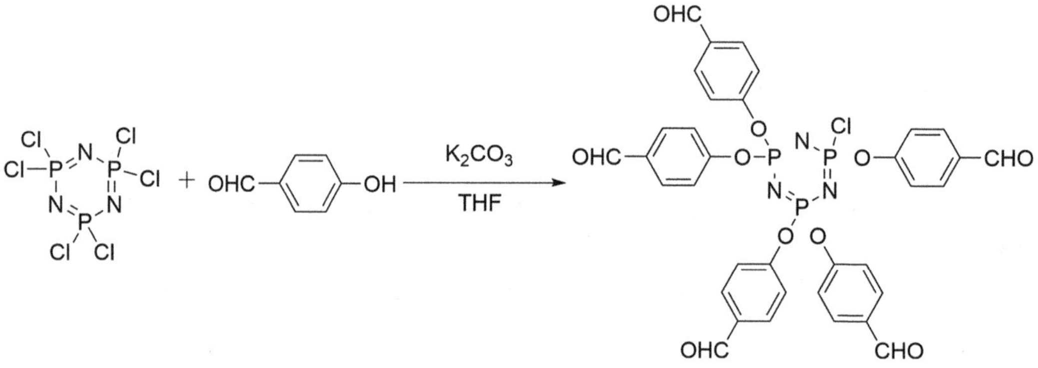

化合物1e

实验步骤如下：

（1）向 100 mL 三口烧瓶中加入含对羟基苯甲醛（1.76 g，14.38 mmol）的新制无水 THF（30 mL）溶液和 K_2CO_3（2.98 g，21.57 mmol），并在氮气保护下于 0℃搅拌混合物 30 min。

（2）在搅拌下缓慢逐滴加入溶于 20 mL 新制无水 THF 的 HCCP（1.00 g，2.88 mmol），滴加完毕后将反应体系升温至室温，并搅拌 24 h。

（3）通过^{31}P NMR 监测反应进程。

（4）反应完成后，将反应混合物离心，过滤出的上层清液通过旋转蒸发仪除去溶剂。将所得粗产物通过柱色谱法纯化[石油醚/乙酸乙酯（体积比 10∶1）]。得到化合物 1e（2.05 g，92.1%），纯品为白色固体。

5. 化合物 1f 的合成

实验步骤如下：

（1）向 50 mL 三口烧瓶中加入 K_2CO_3（3.94 g，28.48 mmol）。将 HCCP（1.00 g，2.88 mmol）和对羟基苯甲醛（2.32 g，18.99 mmol）溶于新制无水 THF（20 mL）。在氮气氛围和冰浴条件下，将制备的溶液装入 25 mL 恒压滴液漏斗中。控制旋塞，逐滴加入三口烧瓶

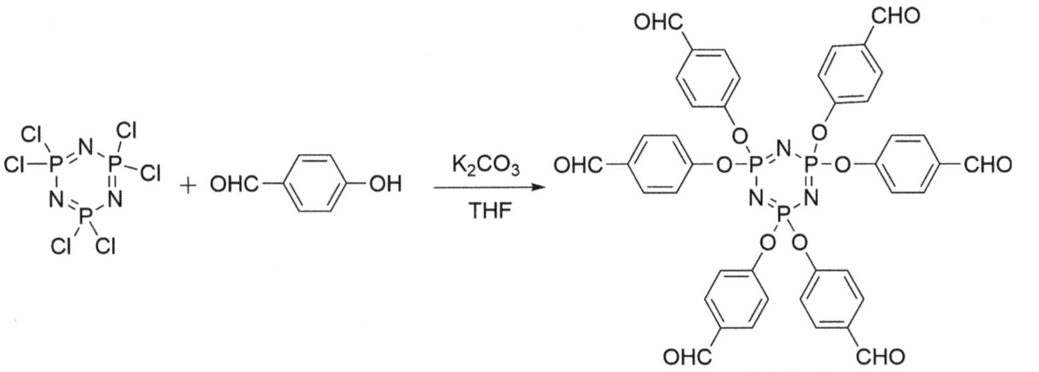

化合物1f

内。滴加过程控制在室温下进行，滴加完成后继续在氮气保护下搅拌 24 h。

(2) 通过^{31}P NMR 监测反应，直到出现新的核磁磷谱单峰信号。

(3) 将反应混合物离心，获得的上层滤液通过石油醚和二氯甲烷重结晶纯化[二氯甲烷/石油醚(体积比 1∶15)]，最终得到纯品为白色晶体的产物 1f(1.63 g,96.9%)。

【注释】

[1] 对于环三磷腈氯原子的 1、3、5 取代反应，应控制投料比为 1∶0.9(每当量氯原子/对羟基苯甲醛)，而对于环三聚磷腈氯原子 2、4 取代反应，投料比为 1∶1.1(每当量氯原子/联苯二酚)比较合适，这样减少了副产物的生成。

[2] 环三聚磷腈的取代反应首先必须控制无水无氧的环境，由于 HCCP 上的氯原子较活泼，必须在真空无水无氧条件下进行，否则会产生很多的副反应产物，因此在进行投料时，需要先抽尽三口烧瓶里的空气，然后扎氮气球保护，使用的四氢呋喃也必须是经过重蒸后无水无氧处理的。

【思考题】

1. 为什么反应刚开始时，温度要控制在冰浴条件之下？
2. 为什么撤去冰浴后，要将其升温至室温？

3.2.2 (实验二)功能染料的合成：五甲川菁染料

【预备知识】

五甲川菁染料(Cy5)是由五个次甲基桥链连接两个发色团构建的一类近红外染料。如果发色团为苯并吲哚，则简写为“Cy5.5”，结构通式见下图，其吸收与发射带均位于近红外区域。相比于商品化的七甲川菁染料吲哚菁绿(ICG)，其染料稳定性有较大的提高，并且摩尔消光系数与七甲川菁染料相当，而量子效率可以达到七甲川系列的两倍。因此，Cy5.5 广泛应用于荧光探针与生物成像技术中。

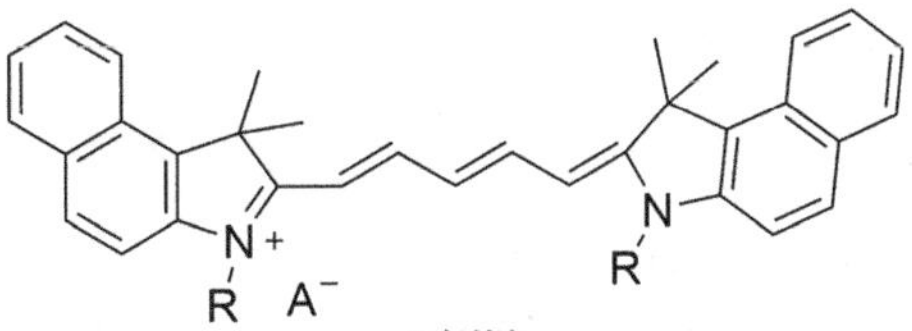

R侧链
A^-阴离子

【实验目的】

1. 以二乙基 Cy5.5 为合成的目标化合物，掌握菁染料的常用制备技术。

2. 通过实验条件的优化，加深对缩合反应原理与工艺的理解和认识。

【实验原理】

1. Knoevenagel 缩合反应

Knoevenagel 缩合反应，也译作克脑文盖尔缩合反应，是指具有活性亚甲基的化合物（如丙二酸酯、β-酮酸酯、氰乙酸酯、硝基乙酸酯等）在氨、胺或其羧酸盐等碱性物质的催化作用下，与醛、酮发生醛醇型缩合，脱水而得到 α,β-不饱和二羰基化合物或其相关化合物的反应。其反应通式如下：

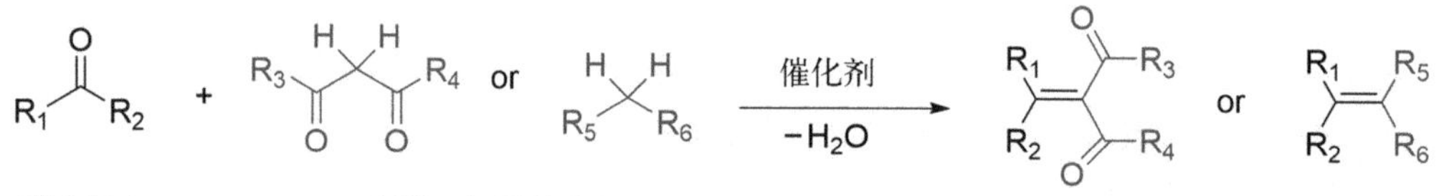

醛或(酮)　　活性亚甲基化合物　　催化剂　$-H_2O$　　α,β-不饱和二羰基或相关化合物

R_1＝H，烷基，芳基；R_2＝H，烷基，芳基；$R_{3\text{-}4}$＝烷基，芳基，OH，O-烷基，O-芳基，NH-烷基，NH-芳基，*N*-二烷基，*N*-二芳基；$R_{5\text{-}6}$＝CO_2H，CO_2-烷基，CO_2-芳基，C(O)NH-烷基，C(O)NH-芳基，C(O)N-二烷基，C(O)N-二芳基，C(O)-烷基，C(O)-芳基，CN，$CNNR_2$，$PO(OR)_2$，SO_2OR，SO_2NR_2，SO_2R，SOR，SiR_3；催化剂：伯胺，仲胺，叔胺，R_3NHX 如乙二胺-*N*，*N*-二乙酸，哌啶乙酸盐/乙酸，醋酸铵，氟化钾，氟化铯，氟化铷，四氯化钛/叔胺（莱纳特改性），干氧化铝（富科改性），磷酸铝/氧化铝，硬硅钙石与叔丁醇钾，醋酸锌.

2. 反应机理

关于 Knoevenagel 反应的机理有多种解释，但是人们普遍公认的有两种。一种反应机理是羰基化合物在伯胺、仲胺或铵盐的催化下形成亚胺过渡态，然后与活性亚甲基化合物所形成的碳负离子加成。反应机理如下图所示：

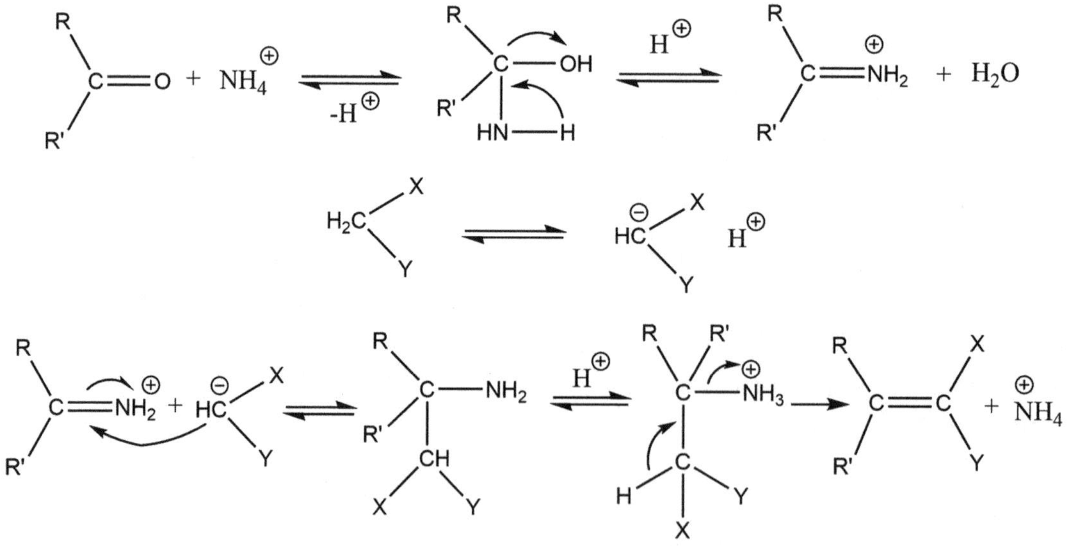

另一种反应机理类似于羟醛缩合，也被称作 Hann-Lapworth 机理，反应在极性溶剂中进行，在碱催化剂存在下，活性亚甲基化合物形成碳负离子，然后与醛、酮缩合。反应机理如下图所示：

$$B + H_2C(X)(Y) \rightleftharpoons HC^{\ominus}(X)(Y) + BH^{\oplus} \qquad BH^{\oplus} \longrightarrow B + H^{\oplus}$$

$$RR'C{=}O + H^{\oplus} \rightleftharpoons RR'C{=}OH^{\oplus} \longleftrightarrow RR'C^{\oplus}{-}OH$$

$$RR'C{=}OH^{\oplus} + HC^{\ominus}(X)(Y) \rightleftharpoons RR'C(OH){-}CH(X)(Y) \overset{B}{\rightleftharpoons} RR'C(O^{\ominus}H){-}CH(X)(Y) + BH^{\oplus}$$

$$RR'C(OH){-}C^{\ominus}(X)(Y) \longrightarrow RR'C{=}C(X)(Y) + OH^{\ominus}$$

上述两种机理中的中间产物β-氨基二羰基化合物和β-羟基二羰基化合物都已从不同的反应中分离出来。一般认为，当反应用碱为三级胺时，Hann-Lapworth 机理占主导地位；而当反应用碱为一级胺或二级胺时，两种机理都有可能发生。

3. 反应的一般特点

(1) 醛的反应速度比酮快得多；

(2) 活性亚甲基化合物需要有两个吸电子基团，典型的例子是丙二酸酯、乙酰乙酸酯、丙二腈、乙酰丙酮等；

(3) 催化剂的性质很重要，通常使用伯胺、仲胺和叔胺及其相应的铵盐、某些路易斯酸与叔胺(例如 $TiCl_4/Et_3N$)、氟化钾或其他无机化合物(例如磷酸铝)；

(4) 反应的副产物是水，可通过共沸蒸馏将其从反应混合物中除去。分子筛或其他脱水剂的加入将平衡转移到产品的形成；

(5) 溶剂的选择至关重要，使用偶极非质子性溶剂(如 DMF)是有利的，因为质子溶剂抑制最后的 1,2-消除；

(6) 二羰基产物可以水解和脱羧得到相应的α,β-不饱和羰基化合物；

(7) 当前述 R_3 和 R_4 或 R_5 和 R_6 不同时，产物是几何异构体的混合物，选择性由空间效应决定；通常热力学上更稳定的化合物是主要产物。

【装置及试剂】

实验装置：回流装置，抽滤装置。

实验试剂：1,1,2-三甲基-1H-苯并[e]吲哚，碘乙烷，丙二醛二苯基脒盐酸盐，醋酸钠，醋酸酐，醋酸，甲苯，乙醚，碳酸氢钠，甲醇，二氯甲烷。

【实验步骤】

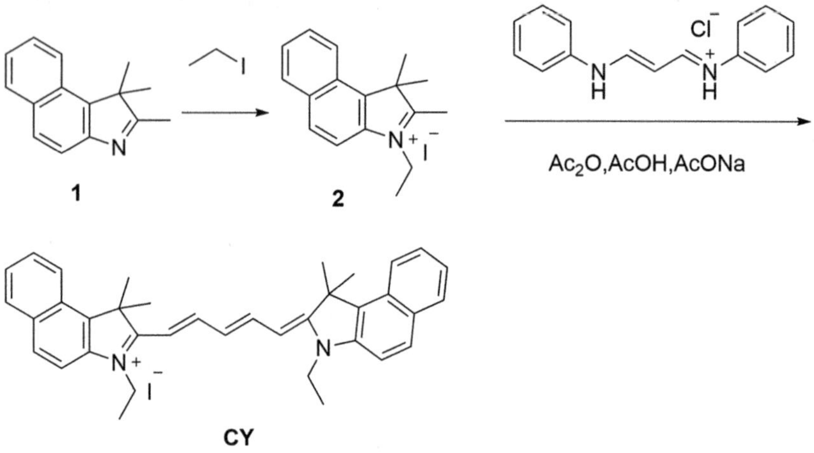

1\. 化合物 2 的合成

在 100 mL 两口烧瓶中加入化合物 1(10.5 g，0.05 mol)与碘乙烷(7.75 g，0.05 mol)，再加入 40 mL 甲苯，加热至回流，磁力搅拌下反应 10 h 后停止，有大量深蓝色沉淀析出。将反应体系冷却至室温后抽滤，滤饼用甲苯洗涤，干燥后得到蓝色固体(化合物 2)16.42 g，收率 90%。

2\. 化合物 CY 的合成

(1) 向 100 mL 两口烧瓶中加入化合物 2(865 mg，3.63 mmol)、丙二醛二苯基脒盐酸盐(477 mg，1.84 mmol)和醋酸钠(615 mg，5.47 mmol)。加入醋酸酐 7.5 mL 和醋酸 1 mL 作为混合溶剂。

(2) 氮气保护下加热至 105℃，磁力搅拌下反应 2 h 后停止反应，可以观察到溶液由浅黄色变为蓝绿色。

(3) 冷却至室温后析出大量金属光泽固体，加入 150 mL 冷水洗涤，析出沉淀(可置于冰箱中降温或使用冰水以增加析出量)。

(4) 用布氏漏斗抽滤，滤饼用乙醚(10 mL×2)洗涤两次，滤饼冻干后称量，计算收率，得到金属光泽颗粒状物质 670 mg(1.05 mmol，57%)。

【注释】

[1] 使用醋酐和醋酸钠作为缩合反应试剂，具有较高的反应活性，可以提高双边缩合的菁染料产率。如需合成单边缩合的半菁中间体，使用纯的醋酐是优选方案。

[2] 五甲川菁染料的桥链由丙二醛二苯基脒构建，相应的合成七甲川菁染料则使用戊二醛二苯基脒。

【思考题】

加入少量的冰醋酸与醋酸钠/钾的目的是什么？

3.2.3 (实验三)聚集诱导发光材料的合成：4-三苯胺基-1,8-萘酰亚胺衍生物

【预备知识】

传统的有机小分子荧光团通常容易发生聚集荧光淬灭(Aggregation-Caused Quenching,

ACQ)现象,因为有机荧光材料大多具有大 π 共轭体系,在聚集状态(高浓度溶液或者固态)下,分子间紧密的 π-π 堆积形成激基缔合物,导致非辐射能量转换、荧光变弱甚至完全消失。这些荧光材料在实际使用时通常被制成固体或薄膜,分子间的聚集不可避免,因此,ACQ 现象严重制约了材料的应用。

2001 年,唐本忠课题组发现在乙腈溶液中,六苯基噻咯(HPS)几乎不发光,但是加入水后,HPS 的溶解度下降,聚集析出,荧光显著增强。这一现象被命名为聚集诱导发光(Aggregation-Induced Emission,简称 AIE)。

AIE 现象的发现为分子荧光功能材料的应用研究提供了新的平台与方向,同时科学家们也提出了多种聚集诱导发光的可能机制,包括分子内旋转受限(RIR)、分子内振动受限(RIV)、J-聚集、分子平面化和扭曲分子内电荷转移(TICT)等。其中,RIR 机制被认为是造成大部分 AIE 现象的主要原因。

【实验目的】

1. 了解聚集诱导发光分子的合成方法。
2. 学习用钯催化偶联反应制备聚集诱导发光分子的原理。

【实验原理】

Suzuki 偶联反应

$$\text{Ph—B(OH)}_2 + \text{Br—C}_6\text{H}_4\text{—R} \xrightarrow[\text{benzene},\Delta]{\text{2 eq K}_2\text{CO}_3\text{ aq.},\ \text{3 mol-\%Pd(PPh}_3)_4} \text{Ph—C}_6\text{H}_4\text{—R}$$

Suzuki 偶联反应,也称作铃木反应、Suzuki-Miyaura 反应(铃木-宫浦反应),是一个较新的有机偶联反应,零价钯配合物催化下,芳基或烯基硼酸或硼酸酯与氯、溴、碘代芳烃或烯烃发生交叉偶联。

Suzuki 反应对官能团的耐受性非常好,反应物可以带着—CHO、—$COCH_3$、—$COOC_2H_5$、—OCH_3、—CN、—NO_2、—F 等官能团进行反应而不受影响。反应有选择性,不同卤素和不同位置的相同卤素进行反应的活性可能有差别,三氟甲磺酸酯、重氮盐、碘鎓盐或芳基锍盐和芳基硼酸也可以进行反应,活性顺序如下:R—I>R—OTf>R—Br≫R—Cl。

另一个底物一般是芳基硼酸,由芳基锂或格氏试剂与烷基硼酸酯反应制备。这些化合物对空气和水蒸气比较稳定,容易储存。Suzuki 反应靠一个四配位的钯催化剂催化,广泛使用的催化剂为四(三苯基膦)钯(0),其他的配体还有:$AsPh_3$、n-Bu_3P、$(MeO)_3P$,以及双齿配体 $Ph_2P(CH_2)_2PPh_2$(dppe)、$Ph_2P(CH_2)_3PPh_2$(dppp)等。

Suzuki 反应中的碱也有很多选择,最常用的是碳酸钠。碱金属碳酸盐中,活性顺序为:$Cs_2CO_3>K_2CO_3>Na_2CO_3>Li_2CO_3$。

反应机理:

反应通过了一个三步历程的催化循环:氧化加成、转移金属化作用和还原消除。

卤代芳烃与 Pd(0)氧化加成,与 1 mol 的碱生成有机钯氢氧化物中间体,取代了键极性较弱的钯卤键,含强极性的 Pd—OH 的中间体具有强的亲电性;同时另 1 mol 的碱与芳基硼酸生成四价硼酸盐中间体,具有很强的富电性,有利于向 Pd 金属中心迁移。两方面的协同作用可形成有机钯配合物 Ar—Pd—Ar′,还原消除生成芳基偶联的产物。

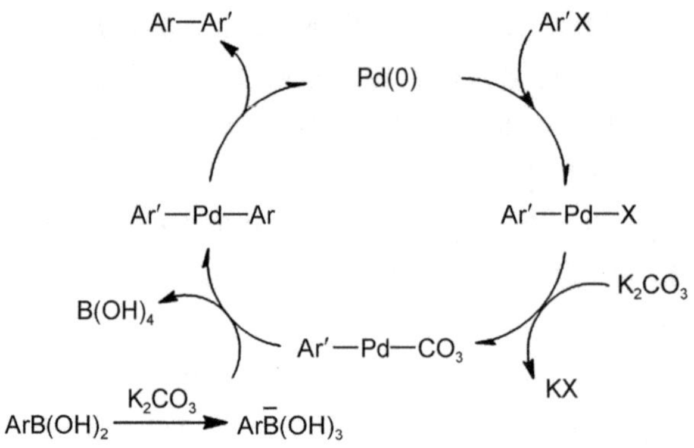

【装置及试剂】

实验装置：回流装置，抽滤装置，柱层析装置。

实验试剂：4 溴-1,8 萘酐，3-氨基苯酚，3-硼酸三苯胺，四(三苯基膦)，碳酸钾，碳酸铯，氢氧化钾，碘甲烷，乙酸，*N*，*N*-二甲基甲酰胺，二氯甲烷，无水硫酸钠，饱和食盐水。

【实验步骤】

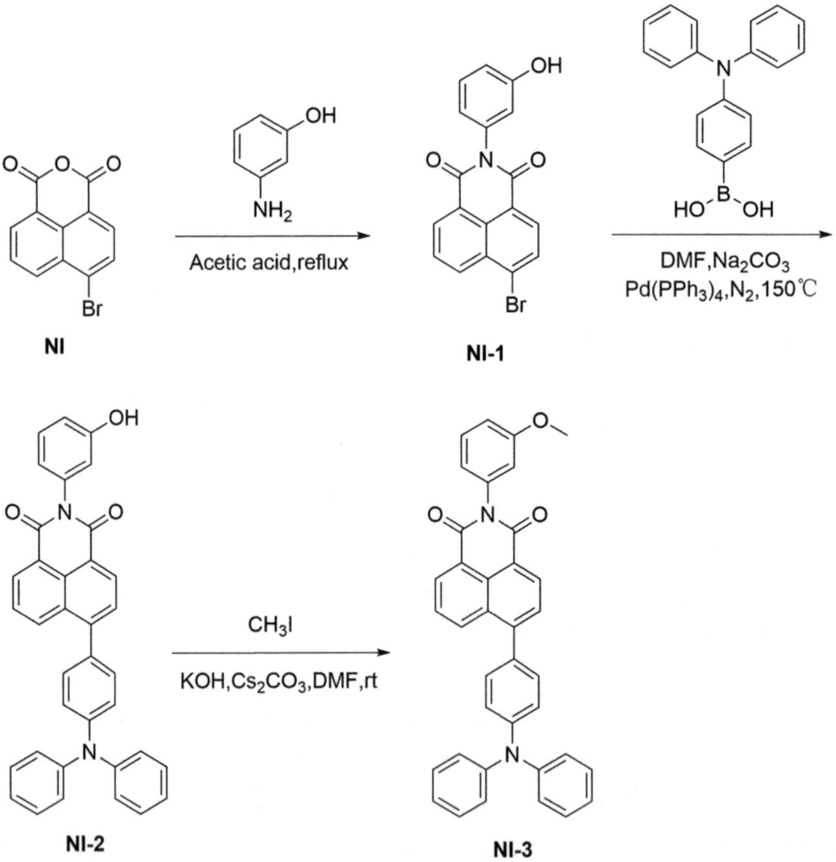

NI-3 合成路线

1. 化合物 NI－1 的合成

(1) 将 NI(2.00 g,7.22 mmol)、3－氨基苯酚(1.02 g,9.39 mmol)和 15 mL 乙酸依次加入装有磁力搅拌子的三口烧瓶中,升温至 120℃,搅拌得到澄清褐色溶液。

(2) 回流 2 h 后,有淡黄色固体析出,TLC 监测(DCM∶EA =10∶1,体积比)。

(3) 待反应完全后,自然冷却至室温,然后加入 20 mL 水,可观察到出现乳白色沉淀,静置后抽滤,得到的滤饼经真空干燥,用无水乙醇重结晶,得到灰白色粉末 *N*－间苯酚基－4－溴－1,8－萘酰亚胺(NI－1),产量 2.10 g,产率 79%。

2. 化合物 NI－2 的合成

(1) 室温条件下,将化合物 NI－1(0.60 g,1.63 mmol)、4－硼酸三苯胺(0.52 g,1.79 mmol)、四(三苯基膦)钯(0.047 g,0.04 mmol)以及 10 mL DMF 置于 100 mL 反应管中。

(2) 然后加入 K_2CO_3 1.12 g 至 5 mL H_2O 溶液中,使固体化合物完全溶解,得到澄清透明溶液,鼓泡脱除氧气,用氮气保护,逐渐升温至回流。

(3) 反应 2 h 后,TLC 监测(DCM∶EA =20∶1,体积比),反应完全后,停止加热,让其冷却至室温。

(4) 加入 DCM(20 mL×2)萃取,饱和食盐水(20 mL×2)洗涤,无水 Na_2SO_4 干燥。用 100～200 目硅胶装填层析柱进行提纯(洗脱剂为 DCM),得到橙色纯品 *N*－间苯酚－4－三苯胺基－1,8－萘酰亚胺(NI－2)0.780 g,产率 89%。

3. 化合物 NI－3 的合成

(1) 将 NI－2(0.450 g,0.845 mmol)、Cs_2CO_3(0.200 g,0.614 mmol),KOH(0.100 g,1.78 mmol)和碘甲烷(0.550 g,3.94 mmol)加入 50 mL 两颈烧瓶中,然后加入 8 mL DMF 溶解。

(2) 氮气保护,室温下搅拌过夜。待反应结束后,将反应液倒入水中,过滤得到固体粗产物,真空干燥。

(3) 最后通过 100～200 目硅胶装填的层析柱进行提纯(洗脱剂 DCM∶PE =4∶1,体积比),得到黄绿色目标产物 NI－3(0.300 g,产率 65%)。

【注释】

[1] NI－3 的合成是通过亲核取代反应和乌尔曼反应,将甲氧基引入 NI－2 中。

[2] 在合成过程中,由于碘代烃的取代反应的反应条件较为温和,直接在室温环境下即可反应,反应产率可达 60%～90%。如果使用溴代烃则需要提高反应温度。

[3] 目标产物固体具有荧光,根据粉末的具体状态,可能得到黄色至红色不同颜色的纯品粉末。

【思考题】

本实验中碳酸钾的作用是什么?

3.2.4　(实验四)共轭聚合物的合成: 线性聚乙炔

【预备知识】

共轭高分子是指分子内含有线形大 π 电子共轭体系的导电聚合物。20 世纪 70 年代后期,Shirakawa、MacDiarmid 和 Heeger 等人发现掺杂聚乙炔薄膜具有类金属的导电性,开创了炔类功能聚合物的开发,时至今日,各种各样以共轭结构作为聚合物主链的共轭聚合物被广泛开发出来,为材料学、信息学、电子学、化学、生物学等诸多领域的发展提供了广阔的空间。与传统的有机小分子相比，共轭高分子的共轭主链结构为激子传递提供了可能，共轭聚合物材料本身的物理、化学性质会受到外界刺激而发生变化。将这些变化通过自身的信号转换，以光、电信号输出从而得到光学、电学等多种信号的传感器，这一领域近年来已发展出以聚乙炔、聚芴、聚噻吩、聚吡咯和聚苯撑等多个类型的共轭高分子荧光传感器体系。

【实验目的】

1. 了解共轭聚合物结构特点。

2. 掌握线性和超支化共轭聚合物的合成经典反应操作。

【装置及试剂】

实验装置：滴管过滤装置。

实验试剂：

(1) 线性聚乙炔合成：

4 -(4′-乙炔基)苯甲酰氨基- *N* -正辛基- 1,8 -萘酰亚胺，四氢呋喃，吡啶，氯化降冰片二烯铑二聚体([Rh(nbd)Cl]$_2$)，甲醇。

(2) 线性共聚物合成：

N,*N*′-二丁基吡咯并吡咯二酮，二辛基二芴硼酸酯，四三苯基膦钯，碳酸钾，四氢呋喃，去离子水，甲醇。

(3) 超支化共聚物合成：

三苯胺三炔，氯化亚铜，四甲基乙二胺，邻二氯苯，甲醇，浓盐酸(37%)。

(4) 超支化聚合物封端实验：

(3)中合成的聚三苯胺三炔(HbPTEPA)，氯化亚铜，二(三苯基膦)氯化钯，封端单体(NAP)，四氢呋喃，三乙胺。

【实验步骤】

1. 均聚物合成：线性聚苯乙炔

实验步骤如下：

(1) 向 10 mL Schlenk 管中加入 250 mg(0.442 mmol)化合物 2，加入 4.5 mL 四氢呋喃(THF)/三乙胺(TEA)混合溶液，在加热的条件下溶解单体，得到澄清橙黄色溶液，静置至室温，保持 2 h。

(2) 加热至 20℃，磁力搅拌。向管中加入 15.0 mg(0.03 mmol)[Rh(nbd)Cl]$_2$，溶液立即由橙黄色变为褐色。

(3) 保持 20℃条件下搅拌 48 h，停止反应。

(4) 制备滴管过滤装置：选择合适粗细与直径的玻璃滴管一支，在细颈部放入少许脱脂棉作为过滤器。用少量所使用的溶剂洗涤脱脂棉，以除去短小纤维。使用时将制备的过滤器垂直装配于靠近装有不良溶剂的烧杯内壁处。

(5) 将溶液通过滴管过滤装置过滤到放有剧烈搅拌的甲醇(350 mL)中，滴加完毕之后，用胶头滴管挤出过滤器中的黏稠溶液，并用少量(0.5～1 mL)干净的四氢呋喃洗涤过滤器。完成后继续搅拌 30 min，静置后得红色絮状沉淀，用玻璃抽滤漏斗进行抽滤，得到红色黏稠状固体，在 50℃下真空干燥至恒重后，得到红色颗粒状固体 220.9 mg，收率为 88%。

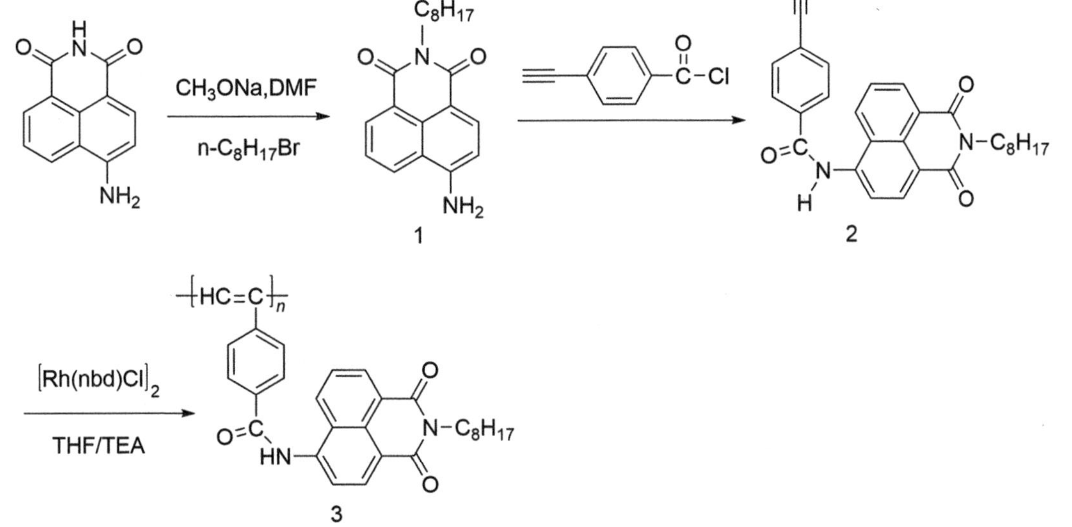

CH$_3$ONa,DMF

n-C$_8$H$_{17}$Br

[Rh(nbd)Cl]$_2$

THF/TEA

2. 共聚物合成：聚(芴-共-吡咯并吡咯二酮)

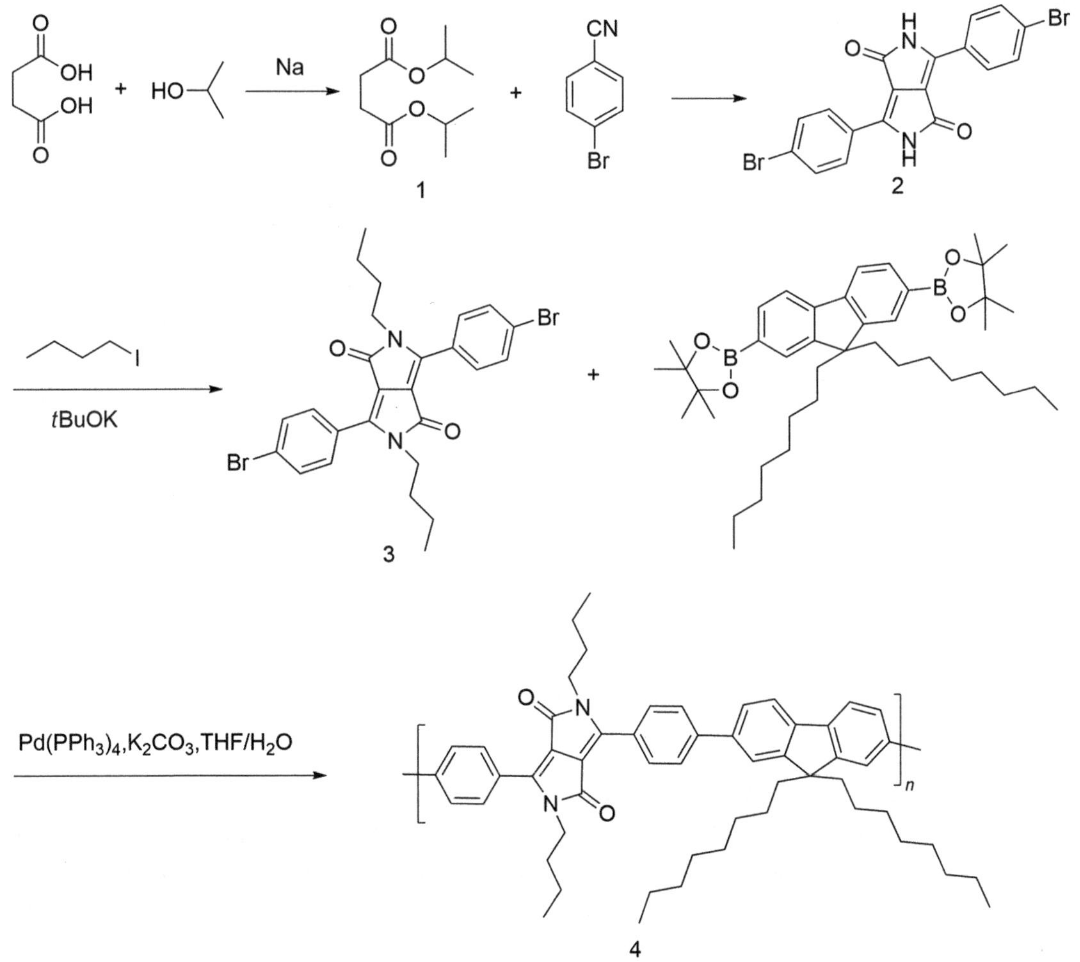

Na

tBuOK

Pd(PPh$_3$)$_4$,K$_2$CO$_3$,THF/H$_2$O

实验步骤如下：

(1) 将化合物 3(56 mg，0.1 mmol)与二辛基二芴硼酸酯(64.5 mg，0.1 mmol)加入 25 mL Schlenk 管中，加入 10 mL 新蒸 THF，溶解后加入 $Pd(PPh_3)_4$(15 mg，0.013 mmol)以及碳酸钾(1.35 g，溶于 5 mL 水中)。

(2) 氩气保护下升温至 66℃，反应 20 h。

(3) 冷却至室温后滴加到剧烈搅拌的甲醇-水混合溶剂中(220 mL，10/1，体积比)，沉降 24 h，抽滤得到产物 4。

3. 超支化聚合物合成：聚三苯胺炔

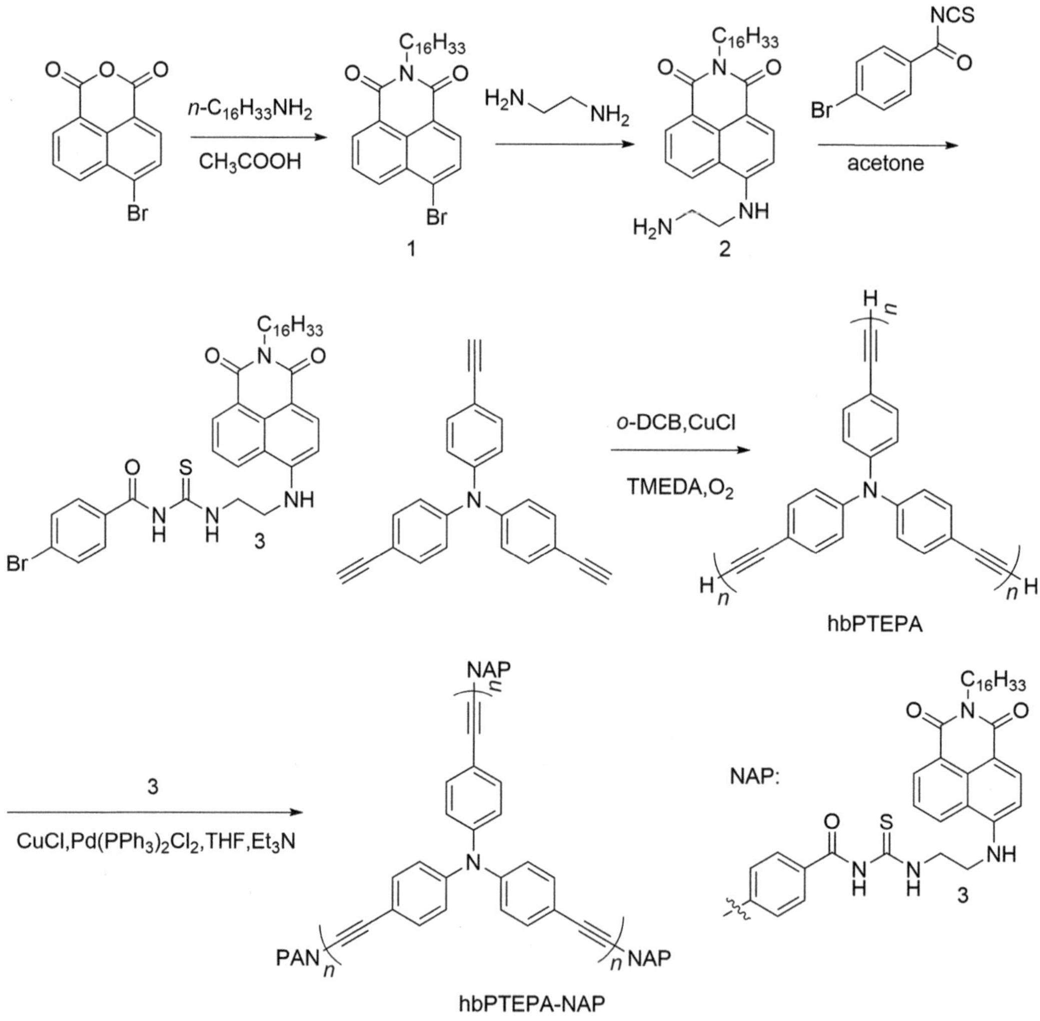

n-$C_{16}H_{33}NH_2$

CH_3COOH

acetone

o-DCB，CuCl

TMEDA，O_2

hbPTEPA

3

CuCl，$Pd(PPh_3)_2Cl_2$，THF，Et_3N

NAP:

hbPTEPA-NAP

实验步骤如下：

(1) 聚三苯胺三炔 hbPTEPA 的合成

① 10 mL Schlenk 管中放入氯化亚铜(CuCl，2 mg，0.02 mmol)和四甲基乙二胺(TMEDA，8 mg，0.07 mmol)，加入 4 mL 邻二氯苯(o－DCB)并加热至 50℃，在油浴中磁力搅拌。同时将三苯胺均三炔(253.6 mg，0.8 mmol)溶于 1 mL o－DCB 中。

② 15 min 后，将含有三苯胺均三炔的 1 mL o－DCB 倒入 Schlenk 管中进行反应，恒温

50℃下反应时间为15 min。

③ 30 min后,将溶液倒入300 mL甲醇(用1 mL 37%HCl酸化)中,用以淬灭反应。

④ 所得的固体用少量氯仿溶解再用300 mL甲醇进行重沉淀。得到白色固体50.2 mg,收率为19.8%。

(2) 超支化聚合物的封端

① 向50 mL Schlenk管中加入氯化亚铜(CuCl)5 mg(0.05 mmol)、二(三苯基膦)氯化钯[$Pd(PPh_3)_2Cl_2$]10 mg(0.014 mmol)以及上一步合成出的聚三苯胺三炔HbPTEPA 40 mg,加入2 mL四氢呋喃和三乙胺混合溶剂(THF/Et_3N,4∶1,体积比)溶解,氩气保护,在室温下进行磁力搅拌。

② 将化合物380 mg(1.12 mmol)用2 mL THF/Et_3N溶解后注射入Schlenk管中。升温至50℃反应24 h。

③ 将反应完的溶液倒入300 mL甲醇(用1 mL 37%HCl酸化)中,停止反应。

④ 所得的固体用少量THF溶解再用300 mL甲醇进行重沉淀。得到固体粉末28 mg,收率为23.3%。

【注释】

[1] 搅拌要充分。

[2] 冰醋酸起溶解作用。

【思考题】

实验中甲醇的作用是什么?

3.2.5 (实验五)线性聚合物合成:苯乙烯共聚物

【预备知识】

自由基聚合(Free Radical Polymerization)为由自由基引发,使链增长(链生长)不断增长的聚合反应。加成聚合反应,绝大多数由含不饱和双键的烯类单体作为原料,通过打开单体分子中的双键,在分子间进行重复多次的加成反应,把许多单体连接起来,形成大分子。它主要应用于烯类的加成聚合。最常用的产生自由基的方法是引发剂的受热分解或二组分引发剂的氧化还原分解反应,也可以用加热、紫外线辐照、高能辐照、电解和等离子体引发等方法产生自由基。

【实验目的】

1. 了解线性聚合物的合成方法。

2. 学习自由基聚合的原理。

【实验原理】

自由基聚合反应属链式聚合反应,一般由链引发、链增长和链终止三个基元反应构成。

1. 链引发

链引发,又称链的开始,主要反应有两步:

(1) 初级自由基的形成:这一步指的是引发剂的分解,以及形成活性中心——游离基;这一反应过程大都是吸热过程,具有较高的引发剂分解活化能(105~150 kJ/mol)和较低的反应速率(10^{-4}~$10^{-6}s^{-1}$)。常用的引发剂有偶氮引发剂、过氧类引发剂和氧化还原引发剂等,偶氮引发剂有偶氮二异丁腈、偶氮二异丁酸二甲酯引发剂、V-50引发剂等;过氧类引发剂有 BPO 等;光、热、辐射亦可引发。

(2) 单体自由基的形成：这一过程中,初级自由基与聚合物单体发生加成作用,自由基活性中心转移到单体上。这一过程往往是放热反应,具有较低的活化能(20～34 kJ/mol)。

$$\mathrm{I} \longrightarrow 2\mathrm{R}^{\bullet}$$

$$\mathrm{R}^{\bullet} + \mathrm{CH_2{=}CH(X)} \longrightarrow \mathrm{RCH_2\dot{C}H(X)}$$

2. 链增长

链增长是活性单体反复地和周围的单体分子进行加成反应,形成大分子链的过程。链增长反应能否顺利进行,取决于自由基加成反应后自由基活性中心的转移能力,其影响因素有：单体转变而成的自由基的结构特性,体系中单体的浓度及与活性链浓度的比例、杂质含量以及反应温度等。

$$\mathrm{RCH_2CH(X)^{\bullet}} + \mathrm{CH_2{=}CH(X)} \longrightarrow \mathrm{RCH_2CH(X)CH_2CH(X)^{\bullet}} \cdots\cdots$$

$$\longrightarrow \mathrm{RCH_2CH(X)}\left[\mathrm{CH_2CH(X)}\right]_n\mathrm{CH_2CH(X)^{\bullet}}$$

3. 链终止

链终止,指链自由基失去活性,反应停止,形成稳定的聚合物的反应。一般是双分子反应,由两个自由基相互碰撞,形成稳定的化学键的过程。链终止主要有偶合终止和歧化终止两种方式。其中,偶合终止是指两个具有自由基活性中心的聚合物链,其自由基中心相互结合形成共价键,活性中心湮灭的过程。如下图所示：

$$\sim\sim\mathrm{CH_2CH(X)^{\bullet}} + {}^{\bullet}\mathrm{CH(X)CH_2}\sim\sim \longrightarrow \sim\sim\mathrm{CH_2CH(X){-}CH(X)CH_2}\sim\sim$$

歧化终止是指聚合物链上的自由基进攻并夺取另一聚合物链活性中心处的氢原子或其他原子,造成的两个聚合物链自由基同时湮灭的过程。如下图所示：

$$\sim\sim\mathrm{CH_2CH(X)^{\bullet}} + {}^{\bullet}\mathrm{CH(X)CH_2}\sim\sim \longrightarrow \sim\sim\mathrm{CH_2CH_2(X)} + \mathrm{CH(X){=}CH}\sim\sim$$

【装置及试剂】

实验装置：回流装置,柱层析装置。

实验试剂：4 溴-1,8 萘酐,3-氨基苯酚,三苯基硼酸,四(三苯基膦)钯,碳酸钾,二环己基碳二亚胺,4-二甲氨基吡啶,甲基丙烯酸,2-(2-氨基乙氧基)乙-1-醇,三乙胺,1-(3-二甲氨基丙基)-3-乙基碳二亚胺盐酸盐,*N*-异丙基甲基丙烯酰胺,冰醋酸,四氢呋喃,*N*,*N*-二甲基甲酰胺,二氯甲烷,石油醚,乙酸乙酯,无水硫酸钠。

【实验步骤】

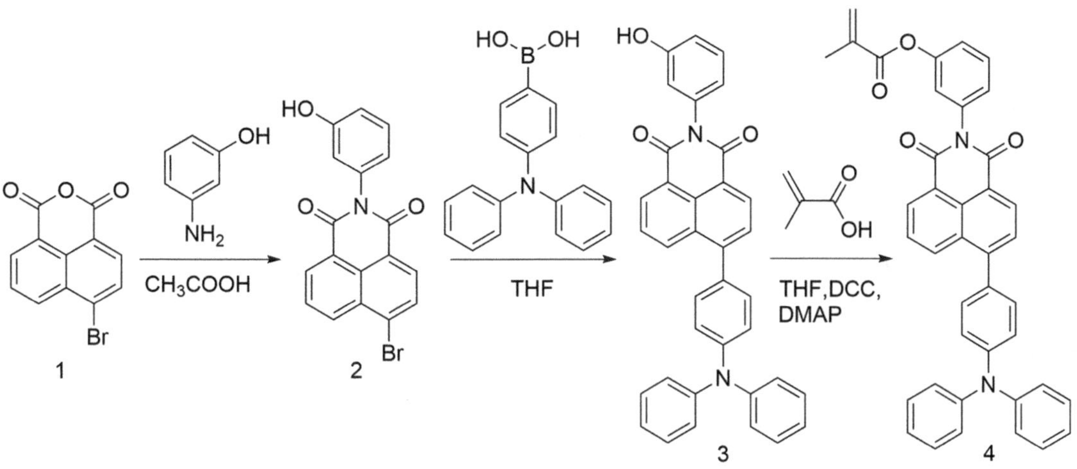

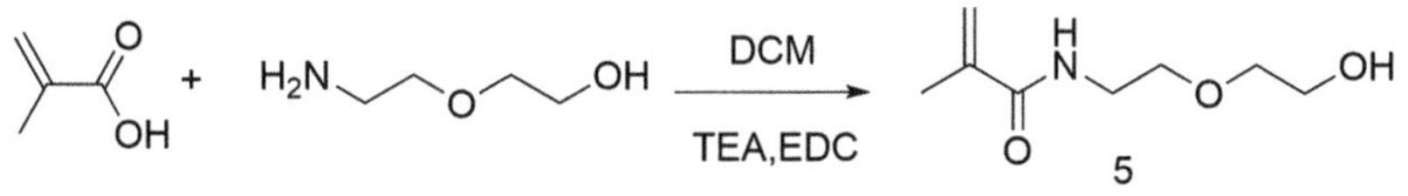

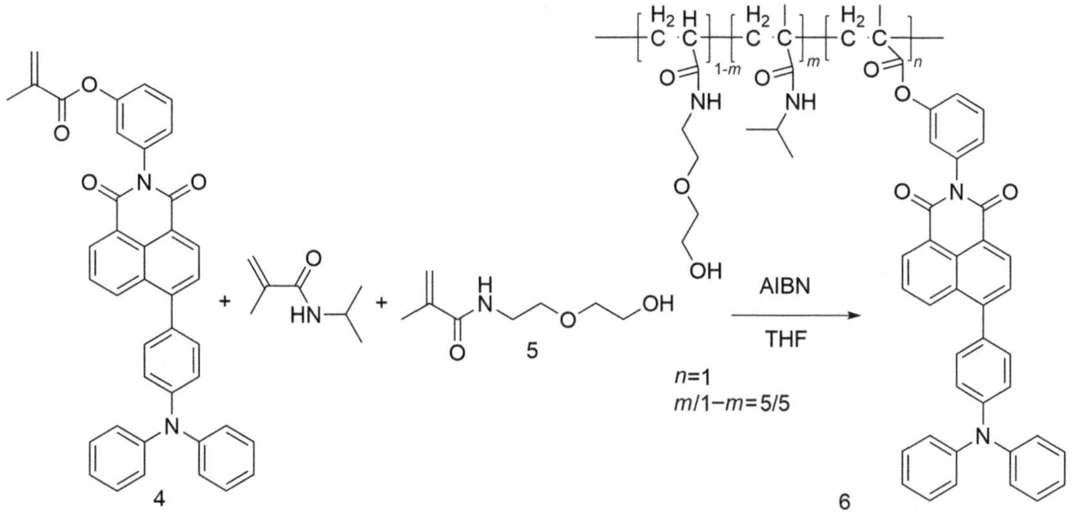

1. {[3-(6-(4-二苯基氨基)苯基)-1,3-二氧-1H-苯并[de]异喹啉-2(3H)基]苯基}甲基丙烯酸酯(化合物4)的合成

(1) 在25 mL三口烧瓶中加入(6-(4-二苯基氨基)苯基)-2-(3-羟基苯基)-1H-苯并[de]异喹啉-1,3(2H)-二酮(化合物3 600 mg,1.13 mmol),加入新制四氢呋喃(THF,6 mL),在磁力搅拌下使其完全溶解。然后,加入二环己基碳二亚胺(DCC,349 mg,1.70 mmol)和对二甲氨基吡啶(DMAP,69 mg,0.565 mmol)。

(2) 冰浴条件下,用滴管滴加α-甲基丙烯酸(291 mg,3.38 mmol),在氮气保护下室温搅拌,TLC监测反应终点。

(3) 反应完成后,用旋转蒸发仪除去反应溶剂,然后加入二氯甲烷(DCM,5 mL)溶解固体,移入分液漏斗中,加入蒸馏水(10 mL×2)洗涤,分离出有机相。

(4) 用适量无水硫酸钠干燥有机相,用旋转蒸发仪除去溶剂。将得到的粗品经柱层析(100～200目硅胶填装,洗脱液为PE∶EA =2∶1,体积比)纯化,得到橙色固体化合物4(324.1 mg,1.13 mmol,收率为47.9%)。

2. α-甲基-N-羟乙氧基乙基丙烯酰胺(化合物5)的合成

(1) 在25 mL三口烧瓶中加入将α-甲基丙烯酸(500 mg,5.81 mmol)和2-(2′-氨基乙氧基)乙醇(610.62 mg,5.81 mmol),加入二氯甲烷(DCM,15 mL)。

(2) 加入三乙胺(TEA,1.73 g,11.62 mmol)和1-(3-二甲氨基丙基)-3-乙基碳二亚胺盐酸盐(EDC·HCl,2.23 g,11.62 mmol),在氮气保护下室温搅拌24 h。

(3) 反应完成后用旋转蒸发仪除去溶剂,得到的粗品经柱层析(100～200目硅胶填装,洗脱液为EA∶DCM=2∶1,体积比)纯化。得到的化合物5为无色黏稠液体(363.6 mg,2.10 mmol,收率为36%)。

3. 聚合物6的合成

(1) 在10 mL Schlenk管中加入化合物4(100 mg)、化合物5(140.43 mg)和α-甲基-N-异丙基丙烯酰胺(NIPMAM,91.74 mg),加入四氢呋喃(5 mL),磁力搅拌下是三种单体完全溶解,然后加入偶氮二异丁腈(AIBN,10 mg),反应体系用N_2保护并加热到65℃,磁力搅拌下反应12 h。

(2) 冷却到室温。通过旋转蒸发仪去除反应溶剂,所得沉淀物用正己烷(10 mL×3)洗涤,得到目标三元共聚物,终产物为橙黄色固体。

【思考题】

本实验中偶氮二异丁腈(AIBN)的作用是什么?

3.2.6 (实验六)聚合物纳米微球的合成:聚苯乙烯微球

【预备知识】

聚合物微球是指具有圆球形状且粒径在数十纳米到数百微米尺度范围内的聚合物粒子。其特征有:① 较小的粒子尺寸。使得整个粒子作为微反应器时对外界刺激具有快速的响应性和高的反应速率。② 较大的比表面积。通常,1 g尺寸为100 nm的聚合物粒子有数十平方米到数百平方米的表面积,可用于吸附、脱附和光散射材料。③ 在液相介质中具有高的渗透性和可运动性。较小的聚合物粒子由于重力、电场和布朗运动的特征,受到周围的溶剂分子剧烈的碰撞后产生较好的渗透和运动性质。④ 较好的分散性。由于粒子之间的静电排斥作用、范德瓦耳斯力作用和体积排斥作用,聚合物微球的分散乳液能够长时间得到稳定存在。⑤ 可修饰性。带有不同功能性基团的表面使得聚合物微球能够在更多的理论和实际中得到应用。

【实验目的】

1. 了解聚苯乙烯微球的合成方法。

2. 学习用微乳液聚合法制备聚苯乙烯微球的原理。

【实验原理】

1973年,Ugelstad等人发现在苯乙烯的乳液聚合中,采用十六醇(CA)和十二烷基硫酸钠(SDS)为共乳化剂,在高速搅拌下苯乙烯单体在水中被分散成稳定的亚微米级单体液滴,并成为主要的聚合场所,即所谓的微乳液聚合。

微乳液聚合法较好地解决了单体难溶的问题：先将单体预乳化成30～500 nm的粒子，采用油溶性的引发剂直接在液滴中引发聚合，单体不需要由液滴向胶束的迁移过程，直接液滴成核，避免了单体不溶解的问题。

微乳液中亚微米液滴(30～500 nm)得以稳定的关键在于采用了由离子型表面活性剂和长链脂肪醇或长链烷烃组成的复合乳化剂；分散相中溶入少量高疏水性的化合物(如十六醇CA、十六烷HD)，由其产生的渗透压抵抗了大小液滴间的压力差，降低了不同尺寸液滴间的单体扩散，从而大大提高了小液滴的稳定性，使细乳液获得了足够的动力学稳定性。

细乳液聚合在胶粒成核及增长机理方面都有独到之处，主要有如下特点：

(1) 体系稳定性高，有利于工业生产的实施；

(2) 产物胶粒的粒径较大，而且通过助乳化剂的用量很容易控制；

(3) 聚合速率适中，生产易于控制。

【装置及试剂】

实验装置：磁力搅拌器，水浴式超声波清洗器，超声波粉碎机(宁波新芝)，透析袋(MD77，MW：14000)。

实验试剂：苯乙烯(St)5.4 g，丙烯酸(AA)，十六烷(HD)，荧光染料9,10-二苯基蒽(DPA)，表面活性剂——十二烷基硫酸钠(SDS)72 mg，引发剂——过硫酸钾(KPS)，去离子水。

【实验步骤】

(1) 在100 mL三口烧瓶中加入5.4 g苯乙烯、0.6 g丙烯酸、0.25 g十六烷和10 mg 9,10-二苯基蒽，磁力搅拌下混合均匀待用，此为油相混合物。将72 mg十二烷基磺酸钠(SDS)与23 mL去离子水混合均匀后加入上述油相混合物中，用水浴式超声波清洗器进行预乳化。

(2) 将预乳化后的样品置于冰浴条件下，利用探针式细胞粉碎机超声处理10 min。将过硫酸钠(KPS)(0.06 g溶于1 mL去离子水中)加入处理好的样品中，在氮气保护下升温至80℃，在300 r/min下匀速搅拌，持续反应5 h。

(3) 反应完成后，将反应液装入透析袋中，在水溶液中透析3天，除去多余反应单体和其他杂质，得到终产品荧光微球。

(4) 取1 mL制备的微球，置于预先称量过的5 mL烧杯中，红外烘箱烘干后再次称量烧杯和干样品的总重，计算出产品的固含量。

【注释】

[1] 搅拌要充分。

[2] 升温过程中需有实验人员在旁。

【思考题】

1. 细乳液聚合体系有哪些组分？各有什么作用？

2. 细乳液稳定的机理是什么？

3.2.7 (实验七)荧光微米球的合成：环三磷腈荧光微米球

【预备知识】

微米球拥有广泛的市场发展前景及行业优势。在血液净化领域：微米球可以替代肾脏用来去除血液中的有毒物质，治疗和延长病人寿命；在计量领域：粒径高度均匀的微球可以作为标准颗粒用于精确测量常规尺子无法计量的纳米尺寸的物质；在生物技术领域：微米球由于具有极高的表面积并且容易分散在培养液中，因此在动物细胞培养上，微米球作为动物细胞载体能够提供大量的比表面积让细胞在其表面生产，微米球作为动物细胞培养的载体，能够在有限的空间实现细胞的高密度培养，而且控制简单，生产重复性好；在医疗诊断领域：功能化微米球如多色荧光编码微米球可广泛地应用于免疫分析，进行多样品或多标靶的高通量检测；在环境领域，荧光微米球也广泛应用于污染物的监测和分离一体化应用中。

【实验目的】

1. 了解三聚磷腈材料的性质和结构特点。
2. 掌握三聚磷腈荧光微米球的制备方法。

【实验原理】

六氯环三磷腈共姜黄素(PC)荧光微球根据已报道的文献通过简单的一种沉淀法制备[1]，但对文献报道的方案进行了稍微的改动[2]，具体实施方法如下所示。

Cl₆Cpz + Curcumin —(TEA, Acetonitrile)→ PC + NEt_3HCl

R=

【装置及试剂】

实验装置：加热磁力搅拌器，离心机。
实验试剂：姜黄素(AR)，六氯环三磷腈(AR)，乙腈(AR)，三乙胺(AR)。

【实验步骤】

(1) 在 250 mL 圆底烧瓶中，将 0.10 g 六氯环三磷腈和 0.32 g 姜黄素在室温条件下溶解在 50 mL 乙腈溶液中(姜黄素与六氯环三磷腈物质的量之比为 3∶1)。

(2) 在上述溶液中加入 2 mL 的三乙胺，室温下搅拌 2 h。

(3) 离心(8 000 r/min,5 min),去除上清液,得到固体产物,依次用丙酮和去离子水洗涤沉淀,分散后再次离心(8 000 r/min,5 min),直到上清液成无色。分离出沉淀,在 50℃下真空干燥 24 h,得到黄色粉末状产物。

【思考题】

本实验制备 PC 微米球采用的是什么方法?

第 4 章　结构表征

本章提要

本章介绍有机分子两类常用的表征方法——核磁共振波谱和有机质谱，分为核磁表征实验和质谱表征实验两部分。每部分实验主要介绍实验原理、实验准备、实验操作等。每部分实验后面均附有具体的实验实例，如核磁实验包含一维标准实验(核磁氢谱、碳谱、磷谱、氟谱等)，及大分子常用的DOSY和1D核磁顺磁实验。质谱实验部分列举的3个例子包含ESI源测试小分子分子量、小分子与大分子相互作用、EI源测试气体小分子的表征方法。期望通过这些例子实验的学习与操作，让学生掌握常规有机分子的结构表征技术。

4.1　核磁波谱实验

4.1.1　基本原理

核磁共振(NMR)是原子核在磁场中进动，继而产生能级裂分，受到电磁波照射，产生共振，吸收能量。核磁共振光谱是兆赫数量级的频率、长波长、能量很低的电磁波照射分子，电磁波能与暴露在强磁场中的磁性核相互作用，引起磁性核在外磁场中发生能级的共振跃迁而产生吸收信号。

1. 化学位移

化学位移：不同类型氢核因所处化学环境不同，共振峰将分别出现在磁场的不同区域。实际工作中多将待测氢核共振峰所在位置与某基准物氢和共振峰所在位置进行比较，求其相对距离，称之为化学位移 δ。δ 的数量级为 10^{-6}(ppm)。

基准物质：国际理论与应用化学协会(IUPAC)规定，以四甲基硅烷$(CH_3)_4Si$(Tetramethyl silicane，简写为 TMS)。^1H 核共振吸收峰的峰位为零，即 $\delta_{TMS}=0$ ppm，将待测^1H 核共振吸收峰按“左正右负”的原则分别以$+\delta$与$-\delta$表示。

化学位移的影响因素有以下三点：

(1) 磁的各向异性效应对化学位移的影响

C=X 基团(X=C，N，O，S)中磁的各向异性：烯烃向稍低的磁场区，其 $\delta=4.5\sim5.7$ ppm。同理，羰基碳上的 H 质子与烯烃双键碳上的 H 质子相似，也是处于去屏蔽区，存在去屏蔽效应，但因氧原子电负性的影响较大，所以，羰基碳上的 H 质子的共振信号出现在更低的磁场区，其 $\delta=9.4\sim10$ ppm。

三键碳上的质子：碳碳三键是直线构型，π 电子云围绕碳碳 σ 键呈筒型分布，形成环电流，它所产生的感应磁场与外加磁场方向相反，故三键上的 H 质子处于屏蔽区，屏蔽效应较强，使三键上 H 质子的共振信号移向较高的磁场区，所以其 δ 范围为 2～3 ppm。

芳环体系：一般情况下，随着共轭体系的增大，环电流效应增强，即环平面上、下的屏蔽效应增强，环平面上的去屏效应会逐渐增强。另外，苯氢较烯氢位于更低场，δ 为 7.27 ppm。

单键的磁的各向异性效应：氢核所受的负屏蔽效应逐渐增大，δ 值会移向低场。

(2) 氢键缔合对化学位移的影响

氢键缔合的氢核与不呈氢键缔合时比较，其电子屏蔽效应减小，吸收峰将移向低场，δ 值会增大。

(3) 范德瓦耳斯效应

当两个原子相互靠近时，由于受范德瓦耳斯力作用，电子云相互排斥，导致原子核周围的电子云密度降低，屏蔽减小，谱线向低场移动。这种效应称为范德瓦耳斯效应。

一些常见官能团及其化学位移如图 4.1 所示。

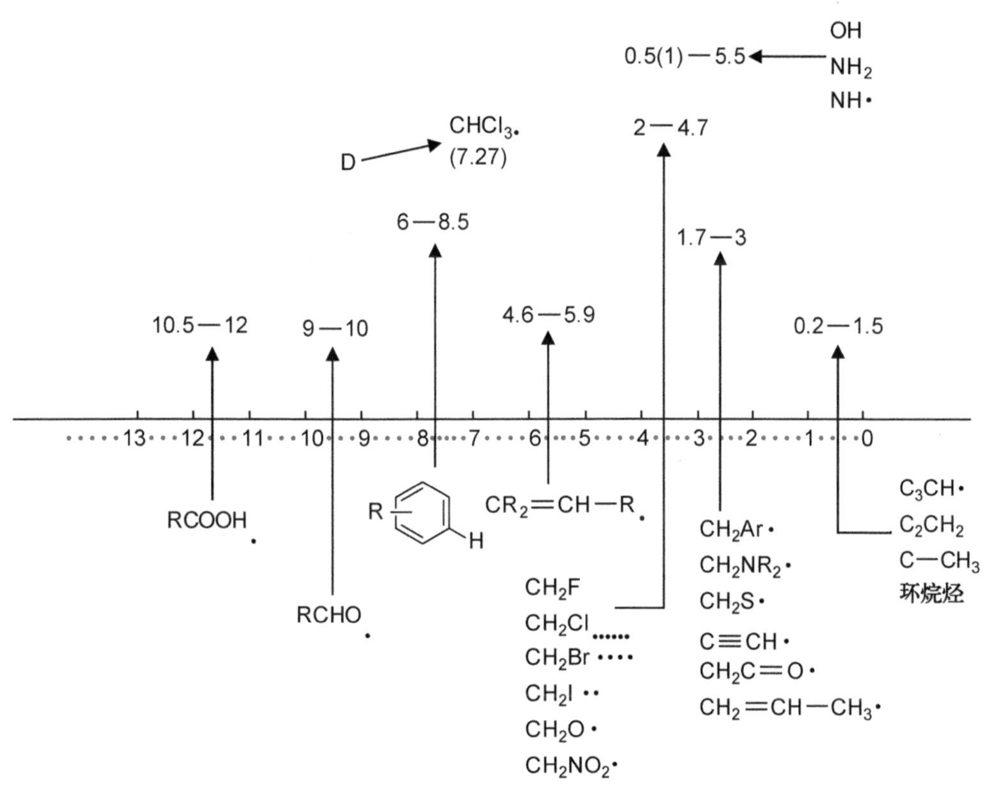

图 4.1　一些常用官能团所对应的化学位移

2. 耦合常数

J-耦合(自旋耦合)相邻的原子核可以通过中间媒介(电子云)而发生作用，此中间媒介就是化学键。这一作用就叫自旋-自旋耦合作用(J-耦合)，如图 4.2 所示，特点是通过化学键的间接作用。

耦合裂分(J Coupling)：自旋-自旋耦合引起共振线的分裂而形成多重峰。多重峰实际

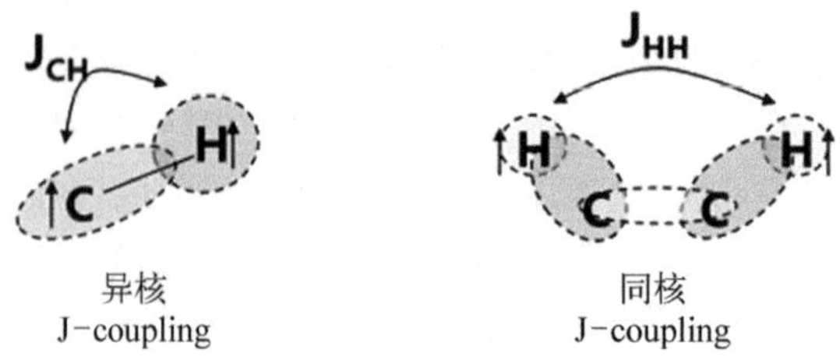

图 4.2　自旋-自旋耦合图

代表了相互作用的原核彼此间能够出现的空间取向组合。耦合裂分的间距用耦合常数(Hz)表示,反映了两个核耦合作用的强弱。

一般同核 J -耦合(HomonuclearJ-Coupling)裂分出现多重峰,具有以下规则:

(1) $n+1$ 规则:相邻基团含有 n 个磁性核,就会被裂分成$(n+1)$重峰。

(2) 等价组合具有相同的共振频率,其强度与等价组合数有关。

(3) 磁等价的核之间耦合作用不出现在谱图中。

(4) 耦合具有相加性。

3. 峰的积分面积

峰面积与氢核数目:在 ^1H-NMR 谱上,各吸收峰覆盖的面积与引起该吸收的氢核数目成正比。用自动积分仪测得的阶梯式积分曲线高度表示(目前利用工作站的软件系统可以自动给出相对积分数值)。

共振吸收峰(信号)的数目:一个化合物究竟有几组吸收峰,取决于分子中 H 核的化学环境。有几种不同类型的 H 核,就有几组吸收峰,例如图 4.3(a)中三种化学环境的峰对应(b)中三组峰。

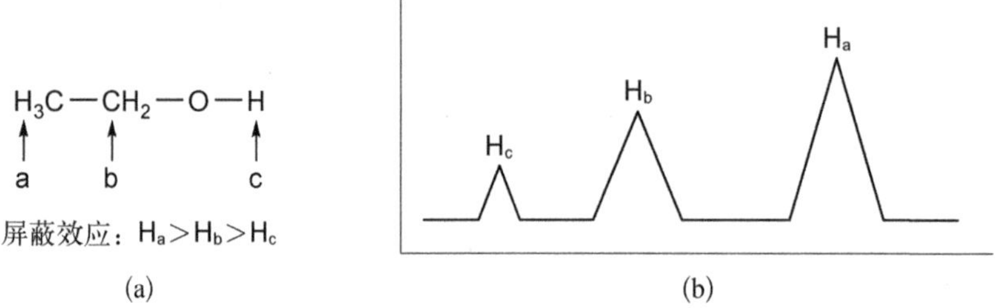

图 4.3　共振吸收峰(信号)

4.1.2　实验准备

1. 样品配制

(1) 样品:非磁性及非导电性。尽可能选择纯化样品;使用清洗干净的样品管(无残留溶剂和杂质);选择合适的溶剂,一般从溶解性、溶剂的价格、溶剂杂质峰类型、成溶液的黏度、无活泼氢溶剂中分析样品的活泼氢,以及能否避免溶剂峰遮盖谱峰几个方面考虑。

(2) 样品量:氢谱 5~10 mg,碳谱 20~30 mg。样品浓度太低,谱图信噪比低,需要很长时间累加；样品浓度太高，由于溶液黏度的提高，磁场均匀性变差和弛豫增快导致谱图分辨率下降。

(3) 样品的氘代试剂：保证实验期间磁场稳定，一般用氘代试剂进行锁场实验。具体要求：对样品的溶解度越大越好，黏度越小越好；溶剂信号对样品信号不干扰，无信号重叠；溶剂在实验温度范围内保持液体状态。保证核磁管内无沉淀或悬浮物，以免影响匀场降低分辨率，沉淀或悬浮物可通过离心除去。

(4) 样品的体积：体积在 500 μL(高度约 4 cm)。样品体积太小，匀场困难；样品体积太大，对流，使温度不均匀。

2. 上样准备

以瑞士布鲁克 AdvanceII 手动进样操作为例，操作流程如下：

准备将样品管放入磁体：将样品管外表擦干净→将样品管插入转子→在量规中测量并确定样品溶液与转子的相对位置→输入 ej 听到气流声音，放样品管，属于关闭吹气系统，听到清脆的一声响，说明样品放入了磁体(布鲁克手动进样操作)。

4.1.3 实验内容

4.1.3.1 (实验一)标准一维^{1}H NMR 谱的实验

【实验目的】

1. 了解标准一维 H 谱原理。
2. 掌握一维 H 谱的实验操作方法。
3. 掌握一维 H 谱的图谱解析方法。

【实验原理】

标准^{1}H NMR 实验的目的在于记录常规质子的 NMR 谱，以获得样品中与质子结构相关的信息，即化学位移、自旋-自旋耦合以及强度。氢谱是最常见的谱图，核磁共振氢谱能提供十分重要的结构信息，包括耦合常数、峰的面积、化学位移以及峰的裂分情况。其中由于峰的面积与氢的数目成正比关系，因此我们可以用来定量反映氢核的信息。从^{1}H NMR 谱图可以获得的主要信息有：

(1) 化学位移值(δ)：确认氢原子所处的化学环境，即属于何种基团。

(2) 从谱图中谱峰的裂分数以及耦合常数(J)来推断相邻氢原子的关系与结构。

(3) 从谱峰面积来确定分子中各类氢原子的数量之比。

【实验操作】

1. 样品配制

取待测物样品 5～10 mg 放入样品管内，加入合适的氘代试剂 0.5 mL 使其溶解后用移液枪将待测物配成的溶液吸入核磁管内，盖上核磁帽待测。

注意：

(1) 若有沉淀，离心后取上层清液；

(2) 仪器自带标准实验，主要观察脉冲“zg30”；

(3) 若浓度大，可减少扫描次数为 32；若浓度小，可将扫描次数增至 $2n$(如：128,256 等)。

2. [H]谱一维谱图操作步骤

(1) 键入“new”命令，建立一个新的实验 PROTON，选定标准实验“1H”。

NAME：实验样品命名，方便以后的数据查看与拷贝；

EXPNO：实验序列号；

USER：用户自定义；

SOLVNET：选择配置样品相应的氘代试剂；

EXPERIENT：选择相应的实验操作，例如 PROTON；

DIR：存储路径；

TITLE：实验的备注信息。

(2) 键入“lock”命令，选择相应的氘代溶剂，进行锁场。

实验对磁场稳定性的要求可以通过锁场实现，通过不间断(每秒数千次)测量—参照信号(氘信号)并与参考频率进行比较。

(3) 键入“atma”命令，进行自动调谐，保证最大程度收集信号。

调频(tune)：调谐曲线的最小值与发射中心频率重合。

匹配(match)：调谐曲线的最小值落在基线上，确保反射最小。

调频和匹配是相互关联的，必须交互进行。

(4) 键入“ased”命令，设定相关参数。

采样参数栏中“AcquPars”

Td：16 k；

NS：16，采样次数，可对采样次数 NS 项进行修改，[H]谱一般默认 16 次即可；

DS：为空扫，一般默认值 4，可保证实验室样品测试时温度平衡；

SW：20 ppm，为相应的 H 谱宽；

RG：为接收器增溢值；

O1：5.5 ppm，在 H 谱的中央；

O1p：中心频率，可以用来改变谱图中央点；

d1：4，弛豫延时时间；

DE：6.5，死时间。

上述氢谱参数设置一般为默认值，有特别需求可更改参数栏中相对应的参数。

(5) 输入“ts”命令，进行匀场。

在样品中，磁场强度应均匀且单一，目的是让相同的核无论处于样品的何种位置都能给出相同的共振峰。为达此目的，匀场线圈按绕制所提供的函数方式给出补偿以消除磁场的不均匀性，从而得到窄的线形。如图 4.4 所示。

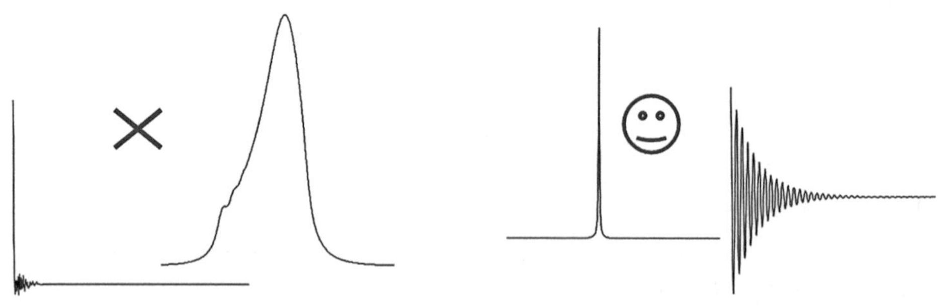

图 4.4　匀场前后对比

(6) 键入“g”命令，即开始自动采样。

(7) 傅里叶变换：键入“efp”(em、ft、pk)命令。

(8) 调相位：键入“apk”命令，自动调节。

(9) 输入“absn”：基线的自动校准。

(10) 校正化学位移：可用 TMS 值来校正 0 点。

(11) 操作栏中 ⊥ 对相应的氢谱进行手动标峰，Γ 进行积分，相位校正，基线校正。

(12) 编辑：键入“plot”命令。编辑图表，右击鼠标选 edit 修改图形，右击鼠标选 1D/2D edit，编辑完后先 apply 再 OK。

【注释】采样开始以后，输入“tr”可以中途查看，“efp；apk”中间转换查看出峰情况，如果较好，可以继续输入“halt”中止采样保存数据，可减少采样所需的时间，“stop”则是直接终止采样数据不保存。

【核磁共振氢谱的数据解析】

^{1}H NMR 谱解析的一般程序如下：

(1) 首先注意检查图谱的基线是否平坦，TMS 信号是否正常，氘代溶剂的残留^{1}H 信号是否出现在预定的位置。如果氘代溶剂和样品中存在微量的水，在图谱中还会出现水峰，不同氘代溶剂中水峰的位置也不同。如有问题，解析图谱时应当注意，必要时应重新处理图谱或重新测定。

(2) 若已知分子式，首先计算不饱和度，并据此推测结构中是否含有苯环、碳碳双键、碳碳三键、羰基等。

(3) 检查图谱中给出的积分比例是否合理，并根据积分算出各组信号对应的 H 数。通常选择明显的甲基或其他孤立氢信号作为积分标准。

(4) 根据化学位移判断氢核的类型如 $\delta>12$ 一般为 COOH 或形成分子内氢键缔合的—OH 信号，δ 为 6～8 一般为芳香氢信号，δ 为 4～6 一般为烯氢信号等。

(5) 根据耦合常数判断耦合关系，并结合各组共振峰的化学位移、峰形和积分数值，推测可能存在的自旋系统。

(6) 必要时，可以采用去耦实验、NOE 测定等特殊技术，简化图谱，方便解析。

(7) 综合以上分析，结合化合物的分子式、不饱和度，将可能存在的自旋系统和特征基团进行合理组合，推导出可能的化学结构。在很多情况下，比较复杂的化合物仅依靠^{1}H NMRP 谱是难以确定结构的，还需结合 UV、IR、MS、^{13}C NMR 等其他谱学信息或化学方法进行反复推敲加以确定。

(8) 将图谱与推导出的结构进行对照检查，确定各组信号的化学位移是否符合取代基位移规律、耦合常数是否合理，并对氢信号的归属一一作出确认。

以上程序可供未知化合物结构测定时参考。已知化合物的图谱解析比较容易，多采用图谱或文献数据进行对比来确定结构。

【谱图示例】

图 4.5 为利用 400M_NMR ARX－400 型质谱仪对化合物的记录得到的^{1}H 核磁谱图。

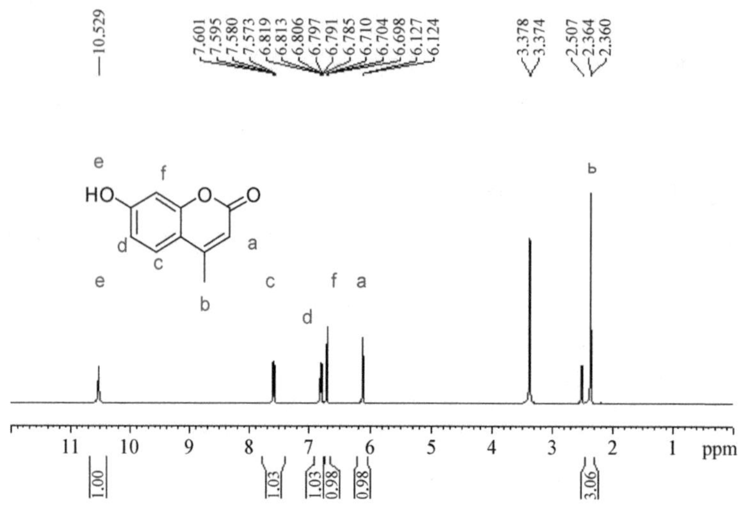

图 4.5　7-羟基-4-甲基香豆素的[1]H NMR 核磁谱图

4.1.3.2　(实验二)标准^{13}C 谱的实验

【实验目的】

1. 了解标准一维^{13}C 谱原理。
2. 掌握一维^{13}C 谱的实验操作方法。
3. 掌握一维^{13}C 谱的图谱解析方法。

【实验原理】

和氢谱一样，碳谱的化学位移为相对频率转换成的无单位标量，以 δ(ppm)表示，^{13}C 核化学位移的测量也同^{1}H 核一样要采用标准化合物，通常是四甲基硅烷。

影响^{13}C 核化学位移的因素如下：

(1) 杂化方式：sp^3 杂化的^{13}C 核信号出现在较高场，δ_c在 0～100 之间；sp^2 杂化的^{13}C 核信号出现在较低场，δ_c在 100～200 之间；sp 杂^{13}C 核信号的化学位移介于 sp^3 和 sp^2 杂化^{13}C 信号之间，δ_c在 70～130 之间。

(2) 诱导效应：碳原子上的^{1}H 核被其他基团取代后，可引起碳原子的电子云密度改变，导致化学位移发生相应变化，称为诱导效应。诱导效应主要与取代基的电负性有关，一般情况下，$H<CH_3<SH<NH_2<OH<Br<Cl<F$。故甲烷的氢被溴、氯、氟取代^{13}C 核化学位移值依次增大，而且三氯甲烷^{13}C 核化学位移大于二氯甲烷。

(3) 共轭效应：由 p-π 共轭和 π-π 共轭对^{13}C 核产生的化学位移影响称为共轭效应。普通双键^{13}C 核化学位移为 $\delta_c=123.5$，与羰基共轭后，羰基向高场位移，双键上的 α 碳向高场位移，β 碳向低场位移。发生 p-π 共轭时，电子云分布越多的^{13}C 核，化学位移越小；反之越大。

【实验操作】

1. 样品配制

碳谱的样品制备与氢谱相似，配制时应当注意黏度要小，以免影响其灵敏度。具体用量也与样品的分子量、结构特点、检测时间有关。通常也需要以合适的氘代试剂为溶剂。

2. [C]谱一维谱图操作步骤

(1) 键入“new”命令，建立新实 C13 CPD

NAME：实验样品命名，方便以后的数据查看与拷贝；

EXPNO：实验序列号；

USER：用户自定义；

SOLVNET：选择相应的氘代试剂；

DIR：存储路径；

TITLE：实验的备注信息。

(2) 键入“lock”命令，选择相应的氘代溶剂，进行锁场，通过锁场实现实验对磁场稳定性的要求。

(3) 键入“atma”命令，进行自动调谐，保证最大程度收集信号。

- 调频(tune)：调谐曲线的最小值与发射中心频率重合。
- 匹配(match)：调谐曲线的最小值落在基线上，确保反射最小。
- 调频和匹配是相互关联的，必须交互进行。

(4) 键入“ased”命令，设置采样参数栏中相关参数。

Td：64 k；

NS：1 024，采样次数，可对采样次数 NS 项进行修改，C 谱一般默认 1024 次即可，采样 1 h 左右；

DS：0；

SW：200 ppm；

RG：101，为接收器增溢值；

O1：100 ppm；

O1p：中心频率，可以用来改变谱图中央点；

d1：4 s，弛豫延时时间；

DE″：6.5 s。

碳谱相关参数都有默认值，有特别需求可更改参数栏中相对应的参数。

(5) 输入“ts”命令，进行匀场。

保证在样品中，磁场强度是均匀且单一，使相同的核不管处于样品的何种位置都应给出相同的共振峰。

(6) 采样：键入“g”命令即开始自动采样。

(7) 傅里叶变换：键入“efp”(em、ft、pk)命令。

(8) 调相位：键入“apk”命令，自动调节。

(9) ppf：对碳谱的全谱进行标峰。

(10) Mi+数字+PPF：表示强度低于该数值的不标峰。

(11) go 命令，样品浓度太低的情况下，过夜采集仍然不能得到理想的谱图，第二天白天需做其他谱图，可在第二天晚上将前一天晚上采集的谱图拖动到当前窗口，重新放入样品锁场调节后可以输入 GO 命令进行累加采集。

(12) 校正化学位移：可用 TMS 值来校正 0 点。

(13) 编辑：键入“plot”命令，编辑图表，右击鼠标选 edit 修改图形，右击鼠标选 1D/2D edit，编辑完成先 apply 再 OK。

备注：

(1) 如要关闭程序，可键入 kill 命令，在弹出的对话框中删掉想关闭的程序即可。

（2）通常情况下用 Waltz16，做氢谱、碳谱的 90 度脉冲没有问题，做杂核时需要更改。

（3）看到碳谱有裂分，首先要考虑是否有同分异构体，再考虑更改 CPDPRG2，选择带 bi 的参数。

（4）如上，输入“tr”“efp；apk”可以中间转换查看出峰情况，如果较好，可以继续输入“halt”中止采样保存数据，“stop”则是直接终止采样数据不保存。

【核磁共振氢谱的数据解析】

1. ^{13}C－NMR 谱的解析步骤

对于已知化合物的碳谱归属，有两种方法，一是将得到的碳谱数据与文献对照；二是先利用取代基位移计算出结构中各碳的化学位移值，然后将其与实测值对照，根据相近程度归属各碳信号。

2. 利用碳谱解析未知化合物结构的程序

（1）确定溶剂峰，保证化合物的碳信号的正确统计。

（2）DEPT 谱与噪声去耦谱相结合，确定结构中各碳的化学位移及其类型。

（3）根据各碳信号化学位移，推断化合物的结构片段。

（4）将结构片段进行合理连接，推测化合物的整体结构。

（5）采用取代基位移计算各碳的化学位移，辅助验证化合物结构图的准确性。

（6）根据推断的结构进行文献检索，与文献对比，最终确认平面结构和立体结构。

【谱图示例】

图 4.6 为利用 400M_NMR ARX－400 型质谱仪对化合物的记录得到的^{13}C 核磁谱图。

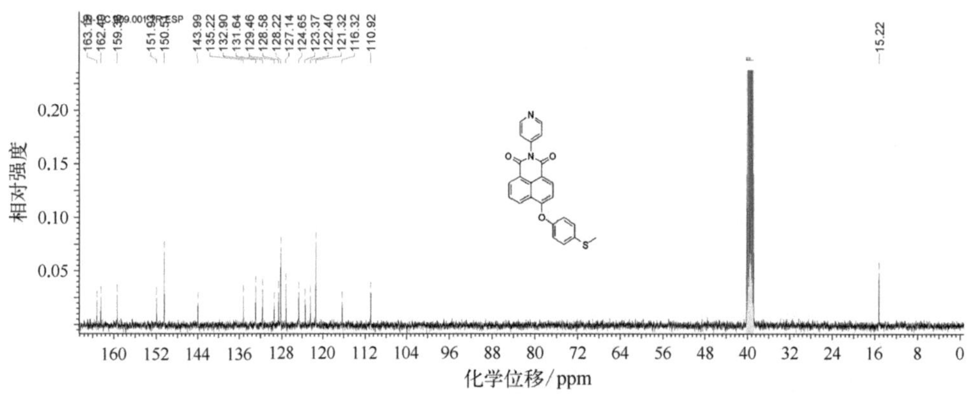

图 4.6 萘酰亚胺衍生物的^{13}C NMR 核磁谱图

4.1.3.3 （实验三）核磁共振^{31}P NMR 谱的实验

【实验目的】

1. 了解核磁 P 谱的发展和特点。
2. 了解 P 谱实验原理。
3. 掌握核磁 P 谱简单操作。
4. 掌握含磷化合物的谱图解析。

【实验原理】

1. ^{31}P NMR 实验原理

^{31}P NMR 的原理是通过磁共振现象及化学位移作用区分化合物中的不同分子，在不同

的位置形成不同的峰值。由于峰下面积与特定频率原子核的共振数目成正比，反映代谢物的浓度，所以可用来定量分析。而且含磷化合物磷原子所处的化学环境不同，^{31}P 核磁共振反映的化学位移不同，同时它对邻近的氢原子产生裂分时对应的耦合常数也不同，所以可以根据这两种不同来一一确定含磷化合物的结构。

2. 含磷化合物^{31}P 化学位移的变化规律

受相邻原子电负性影响，推电子基团使化学位移移向高场，吸电子基团则相反；金属离子半径越大，其取代生成的磷酸盐^{31}P 化学位移也越大；当磷的配体相同或配体的电子性质相近时，磷配位数从 2 到 6 递增时，^{31}P 的化学位移由低场移向高场。

3. 含磷化合物^{31}P 耦合常数(J_{PH})的变化规律

(1) ^{31}P 与^{1}H 耦合(J_{PH})

一般地，$^{n}J_{PH}$随着 n 值的增大而减小，$^{1}J_{PH}$值经常在 400～1 000 Hz。取代基(氟除外)的电负性越大，$^{1}J_{PH}$越大；取代基的空间位阻越小，$^{1}J_{PH}$越大。耦合常数$^{2}J_{PH}$和$^{3}J_{PH}$受到二面角和电负性的影响，耦合常数$^{3}J_{PH}$(反式)通常在 10～30 Hz 之间，$^{2}J_{PH}$可达 25 Hz，$^{3}J_{PH}$(顺式)可达 15 Hz。

(2) ^{31}P 与^{13}C 耦合(J_{PC})

$^{n}J_{PC}$的大小取决于磷的氧化态和配位数、取代基电负性以及 n 值大小和耦合核的立体化学性质。其中磷原子的氧化态越高，磷原子的电子云密度越低。

【实验操作】

1. 样品配置

磷谱的样品制备与氢谱相似，取待测物固体 5～10 mg 放入子弹头内，加入合适的氘代试剂使其溶解后，用移液枪将待测物配成的溶液吸入核磁管内，盖上核磁帽待测。

2. 常规磷谱一维谱图操作步骤

(1) 键入“new”命令建立新实验 P31 CPD；

NAME：实验样品命名，方便以后的数据查看与拷贝；

EXPNO：实验序列号；

USER：用户自定义；

SOLVNET：选择相应的氘代试剂；

DIR：存储路径；

TITLE：实验的备注信息。

(2) 键入“lock”命令，选择相应的氘代溶剂，进行锁场，通过锁场实现实验对磁场稳定性的要求。

(3) 键入“atma”命令，进行自动调谐，保证最大程度收集信号。

(4) 键入“ased”命令，设定相关参数。

Td：16 k；

NS：32，采样次数，可对采样次数 NS 项进行修改，P 谱一般默 16 次即可；

DS：空扫，一般默认值 4，可保证实验室样品测试时温度平衡；

SW：200 ppm，为相应的 P 谱宽；

RG：为接收器增溢值；

O1：在 P 谱的中央；

O1p：中心频率，可以用来改变谱图中央点；

d1：4，弛豫延时时间；

DE：6.5，死时间。

(5) 输入"ts"命令，进行匀场。保证在样品中，磁场强度均匀且单一，使相同的核不管处于样品的何种位置都应给出相同的共振峰。

(6) 采样：键入"g"命令，即开始自动采样。

(7) 傅里叶变换：键入"efp"(em、ft、pk)命令。

(8) 调相位：键入"apk"命令，自动调节。

(9) 校正化学位移：可用TMS值来校正0点。

(10) 编辑：键入"plot"命令，编辑图表，右击鼠标选edit修改图形，右击鼠标选1D/2D edit，编辑完先apply再OK。

【谱图示例】

磷腈系列化合物具有一个突出的优点，就是亲核试剂容易取代活泼的氯原子继而合成得到相应的衍生物。因此，根据特定的需求，可以改变和调整亲核取代基团的结构和类型；同时，加入不同的取代基团比例，也可以得到不同数目取代的磷腈衍生物，所以这些性质是非磷腈类化合物难以达到的。作为一个优异的载体平台，六氯环三聚磷腈上的六个氯原子全部被相同的亲核试剂取代，得到结构对称的磷腈衍生物；如果六个氯原子未被完全取代，或被六个不完全相同的取代基取代，得到不对称结构的磷腈衍生物。笔者就本课题组研究涉及环三聚磷腈(HCCP)过程中的HCCP衍生物和一些磷酸酯类的核磁磷谱解析，供大家参考，如图4.7～图4.9所示。

例4.1 六对羧基苯氧基环三磷腈(HCPCP)

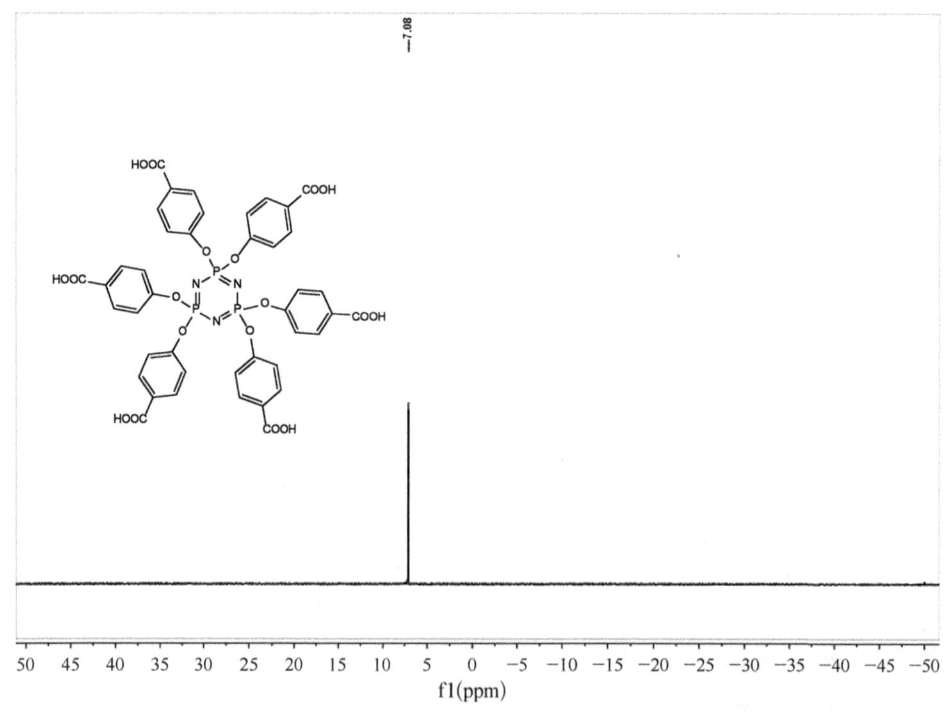

图4.7 六对羧基苯氧基环三磷腈(HCPCP)^{31}P NMR谱图

例 4.2

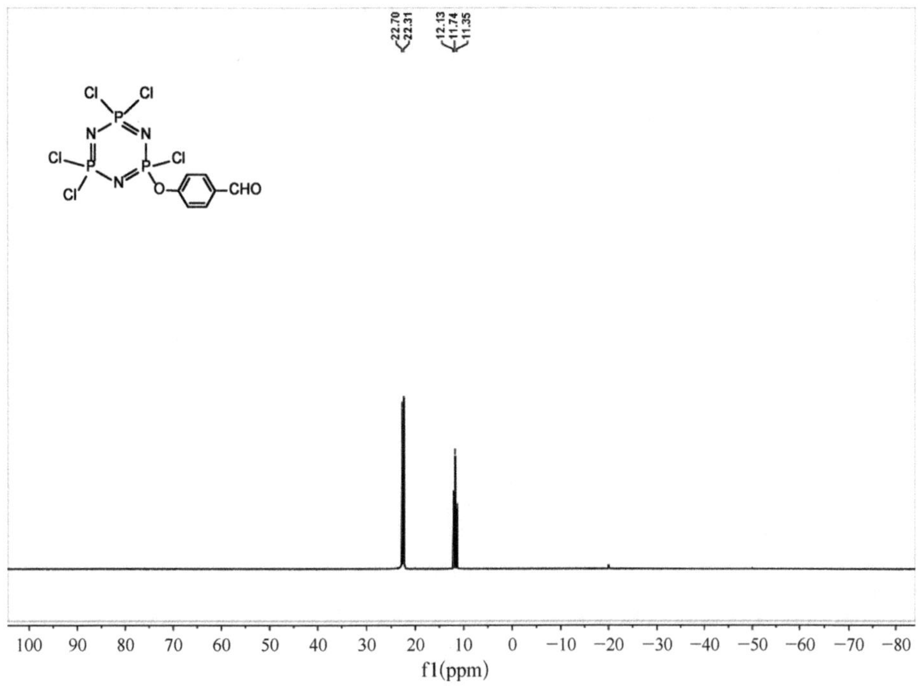

图 4.8　一取代的环三磷腈^{31}P NMR 核磁图

例 4.3

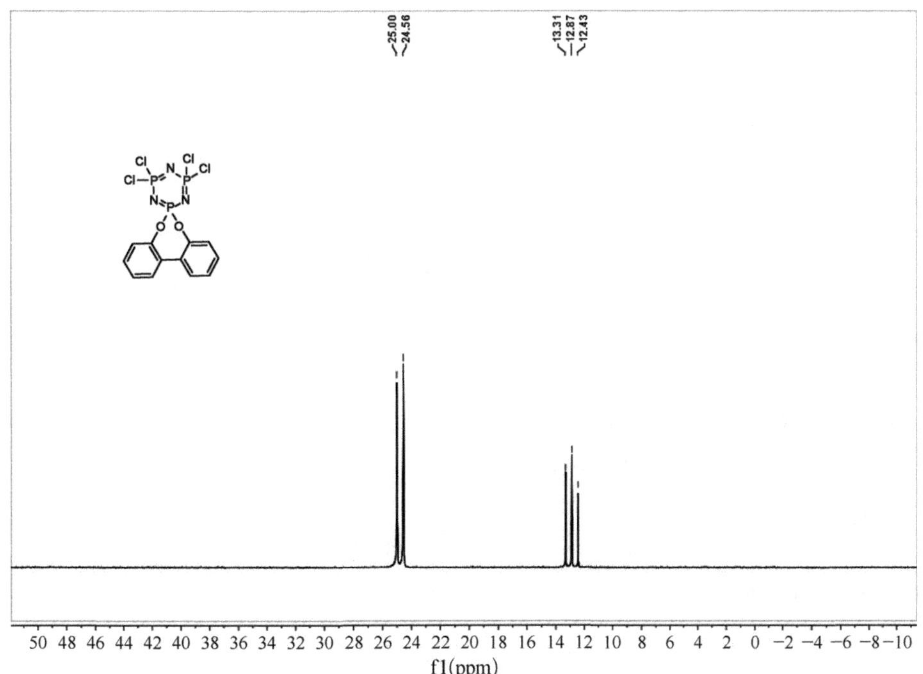

图 4.9　二取代的环三磷腈^{31}P NMR 核磁图

4.1.3.4 （实验四）核磁共振 ^{19}F NMR 谱的实验

【实验目的】

1. 了解标准 F 谱原理及特征。
2. 掌握 F 谱的实验操作方法。
3. 掌握 F 谱的图谱解析方法。

【实验原理】

$CFCl_3$ 是 ^{19}F 谱中最常用的内标试剂，定标为 0 ppm，相当于 ^{1}H 谱中的 TMS，$CFCl_3$ 峰往高场（低化学位移）移动为负值，往低场（高化学位移）移动为正值，其他较常用的 ^{19}F 标准物的位移值见图 4.10。对于含氟有机物，不同的氟基团可能出现的位移值虽不易预测，但符合以下范围：—CF_3 = −52～−87 ppm；—CF_2— = −80～−130 ppm；—CF— = −70～−238 ppm。各类化合物的 ^{19}F 化学位移值如图 4.10 所示，可知绝大部分含氟有机物的化学位移为负值，酰基氟、磺酰氟和含 SF_5 类化合物的 ^{19}F 位移值为正值。

标准物	CF_3COOH	C_6F_6	$C_6H_5CF_3$	C_6H_5F	$CFCl_2CFCl_2$	SF_6
δ(ppm)vs. $CFCl_3$	−76.55	−164.9	−63.72	−113.15	−67.8	+57.42

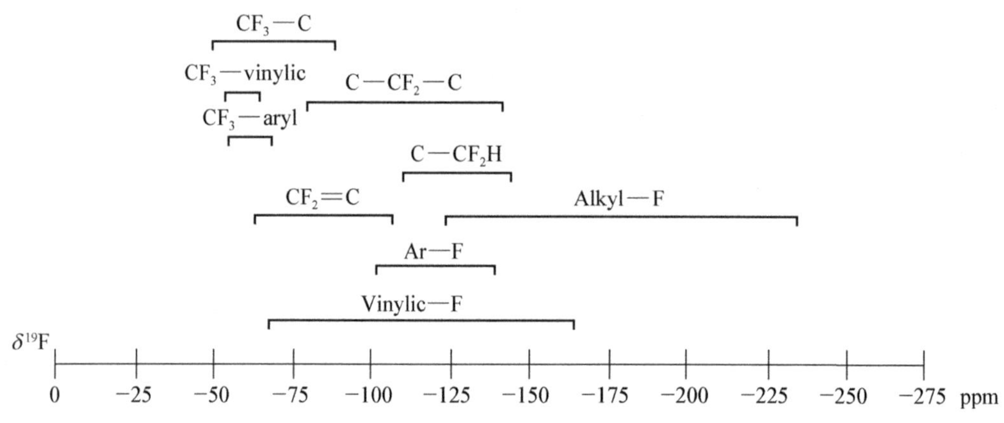

图 4.10 常规的 ^{19}F 标准物的化学位移值

【实验操作】

1. 样品配置

取待测物固体 5～10 mg 放入子弹头内，加入氘代试剂使其溶解后，用移液枪将待测物配成的溶液吸入核磁管内，盖上核磁帽待测。

2. 氟谱一维谱图操作步骤

(1) 键入“new”命令，建立新文件。选测标准实验 F19 CPD

键入 name 样品名；

键入 expno 实验号；

键入 user 操作者名字；

键入 Title 中写入其他补充信息。

(2) 键入“lock”命令,选择溶剂。

(3) 调探头(调谐,匹配):键入“atma”命令,自动调节。

(4) 设置频率参数:键入“gpro”或“getprosol”命令,自动设置参数。

可以键入“NS”“DS”命令,读取详细参数。

可对采样次数 NS 项进行修改。[F]谱一般采样 16 次即可。

(5) 匀场:输入“ts”命令。

(6) 采样:键入“g”命令,即开始自动采样。

(7) 傅里叶变换:键入“efp”(em、ft、pk)命令。

(8) 调相位:键入“apk”命令,自动调节。

(9) 校正化学位移:可用 TMS 值来校正 0 点。

(10) 编辑:键入“plot”命令。键入“plot”命令。编辑图表,右击鼠标选 edit 修改图形,右击鼠标选 1D/2D edit 编辑完成先 apply 再 OK。

【谱图示例】

图 4.11～图 4.13 为利用 400M_NMR ARX－400 型核磁共振波谱仪对化合物记录得到的^{19}F 核磁谱图。

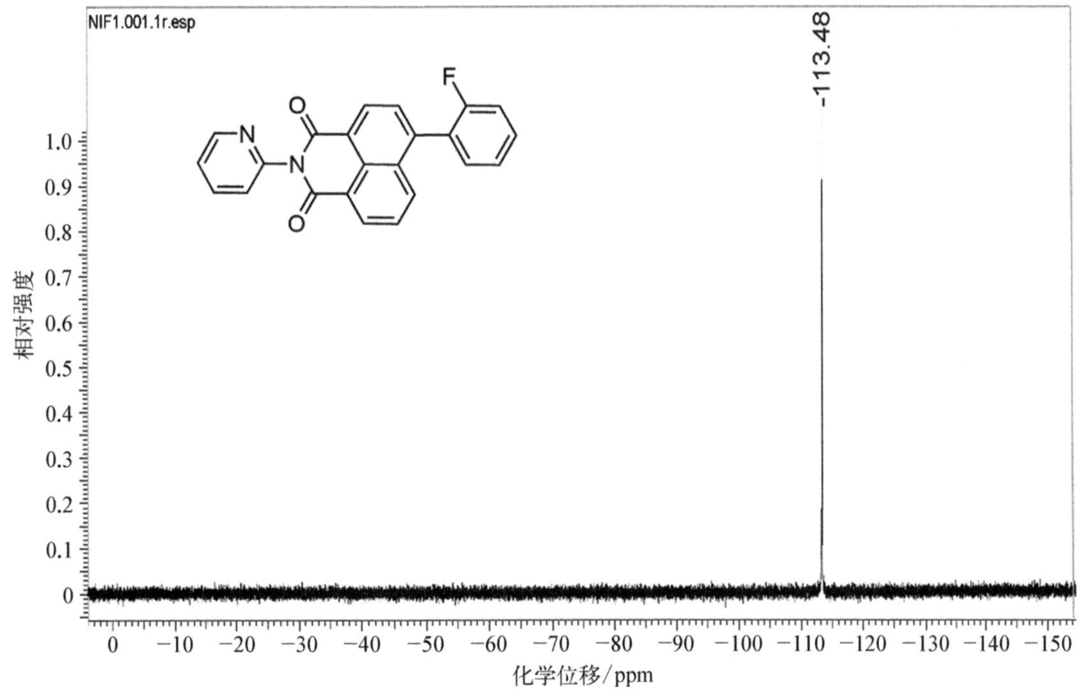

图 4.11　^{19}F 谱示意图

4.1.3.5　(实验五)核磁共振 DOSY 实验

【实验目的】

1. 了解 DOSY 实验原理。
2. 掌握 DOSY 实验操作方法。
3. 掌握 DOSY 的图谱解析方法。

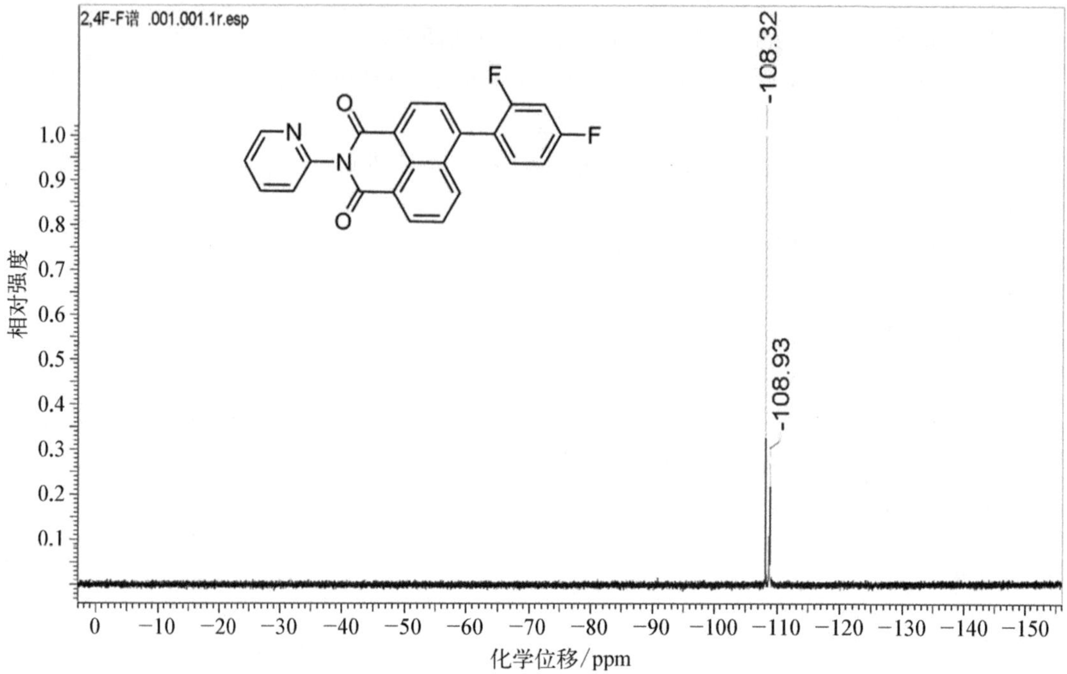

图 4.12　[19]F 谱示意图

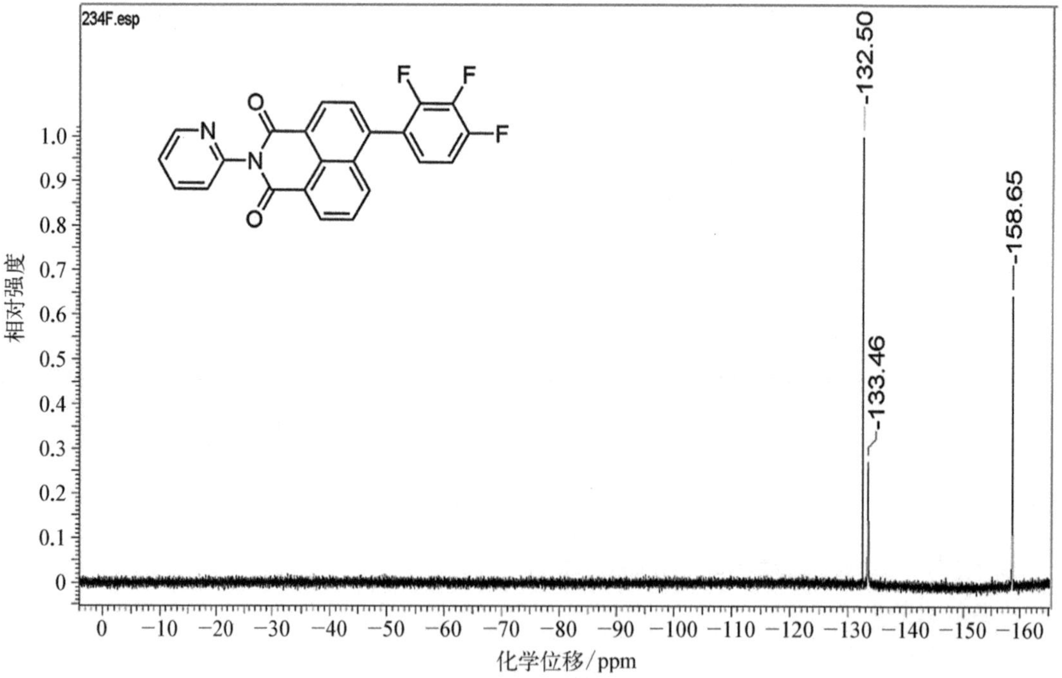

图 4.13　[19]F 谱示意图

【实验原理】

核磁共振扩散排序谱(Diffusion-Ordered Spectroscopy,简称Dosy)是目前测量溶液样品的自扩散系数D的一个重要方法。在DOSY实验中,通常可以测定不同条件下样品的自扩散系数,通过自扩散系数的变化来探讨分子结合、分子间相互作用等问题。DOSY法现已在超分子、分子自主装、分子探针、主客体识别、手性识别、化学交换等方面得到广泛应用。它是基于分子的平移运动能够用通过脉冲梯度场(Pulsed magnetic Field Gradient, PFG)来编码,通过梯度场使分子的扩散运动与梯度场强度建立空间和逻辑上的线性关系。DOSY谱的三个基本要求:① 由梯度场编码得到吸收线型数据;② 有效的数据转化程序;③ 用于得到扩散系数维的算法,它改变梯度场强度从而产生受梯度场调制的一系列谱图,通过ILT变换得到化学位移维和扩散系数维的伪2D谱。

Dosy实验是基于信号峰面积的积分,依据它们随梯度脉冲强度的变化进行反拉普拉斯(ILT)变化。而信噪比的好坏是影响积分准确的重要因素,因此DOSY实验对信噪比要求的研究具有重要的指导和应用价值。

自扩散的动力来源于热力学平衡下的分子的热运动,是自然界质量传递的一种基本方式。根据Stokes-Einstein方程,

$$D=\frac{KT}{6\pi\mu r_s}$$

式中,K为Boltzman常数,T为温度;μ为液体黏度,r_s为球形分子半径。可见扩散系数D取决于粒子本身的物理参数如分子的大小、形状以及所处的外部环境,如溶剂的性质。通过方程,可以看出扩散系数可以作为表征溶质分子或整个体系性质的一个重要参数。其中,溶质分子浓度的改变往往是影响溶液性质的一大因素,特别是在主客体分子识别、分子自组装、高分子自聚的体系研究中,浓度增加及其相互作用的加强,势必会引起表观分子量的改变,因此扩散系数也会引起相应的变化。

【实验操作】

1. 样品配置

取适量药品用研钵研碎,用电子分析天平称取13 mg置于离心管中,用移液枪移取0.6 mL $CDCl_3$加入其中,混合均匀离心后,取上清液转移至NMR样品管中,用于DOSY实验;然后称取29.5 mg PDMS加入上述样品管中,再次混合均匀,用于DOSY实验。

2. 操作步骤

用Mestrenova软件处理:

(1) 打开一维fid文件,选择 下拉菜单中的 Apodization along t1 ,勾选 Exponential 1.00 Hz ,OK。

(2) 右边 ,手动调基线,选择 baseline correction, Polynomial Order: 3 改为1,OK。

(3) 打开二维DOSY ser文件,出现叠图形状,点击 ,选择Active spectrum。重复上述(2)操作,选择stacked按钮,出现叠图。上拉观察出峰情况。

(4) 选择 Tools ,下拉菜单里的 Bayesian Dosy Transform,在弹出的对话框里更改参数(图 4.14),出现 Dosy 谱图。

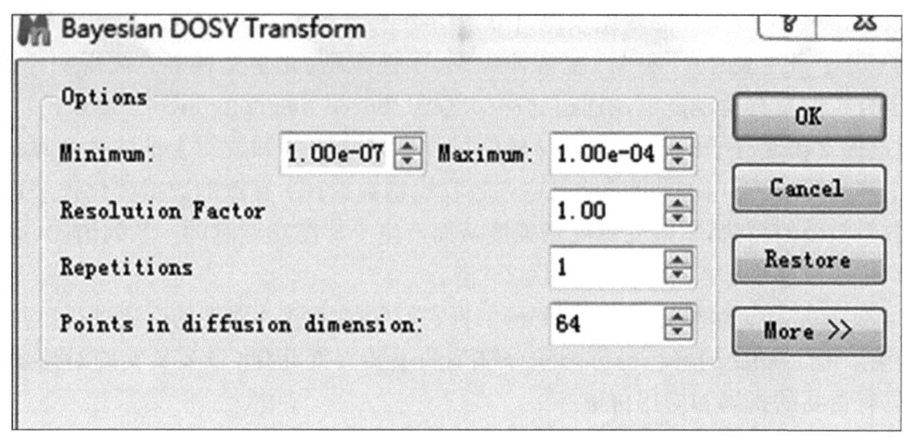

图 4.14 "Bayesian Dosy Transform"对话框

(5) 左键单击出现 Show Traces 图标,点击,得到上方一维氢谱和左边扩散的峰。

【核磁共振氢谱的数据解析】

1. Dosy 谱的解析步骤

所得的实验数据处理软件为 Bruker 公司提供的 TopSpin 3.5pl7。通过其中的"DOSY"程序对实验得到的数据进行扩散系数拟合和反拉普拉斯变换,进而得到相应的 DOSY 图谱。处理过程中扩散系数数据点为 1 k,该维的取值范围(lg$D$)为$-8\sim-10$,这两个处理参数其他的选择将在后面的讨论部分中加以具体说明。谱峰所对应的扩散系数值 D 是由该峰的最高点在扩散系数维的投影值(lg$D$)读出并换算而得。

2. 利用 Dosy 谱推测结构的一般程序

(1) 确定分子离子峰,以确定分子量。

(2) 核磁共振谱可给出分子中含几种类型氢,各种氢的个数以及相邻氢之间的关系,以验证所推测结构是否合理。

(3) 在 2D DOSY 谱图中,横坐标表示化学位移,纵坐标表示自扩散系数,通过谱图可直观地得到各物质的 D 值,并依据各组分的 NMR 信号分布进行结构定性。

【谱图示例】

例 4.4 图 4.15 以王丽敏等人在波谱学杂志上的研究为例。复方乙酰水杨酸片其有效成分为阿司匹林、咖啡因和非那西丁,三者在^{1}H NMR 谱图中的脂肪区和芳香区均会出现信号;且由于三者含量的不同,信号强度也会有所不同。由于三种成分中不同质子的化学位移相差不大,在^{1}H NMR 谱图中,尤其在芳香区,出现了信号峰重叠的现象,因此只通过^{1}H NMR 谱图很难对各成分质子进行归属。通过 2D DOSY 对复方药物的 NMR 信号进行分离分析,依据谱图中各个组分的 NMR 信号分布以及相应的分子结构特征,区分出三种有效成分的核磁归属,再通过^{1}H NMR 相对定量分析得到三者的质量比。

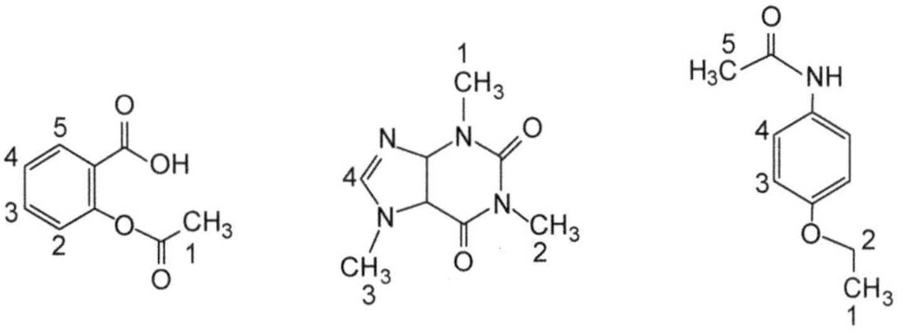

(a) 阿司匹林　　(b) 咖啡因　　(c) 非那西丁

图 4.15　复方乙酰水杨酸片中有效成分的分子结构

由于利用纯 DOSY 技术无法有效分离复方乙酰水杨酸片中的三种有效成分[图 4.16(a)]，因此，本实验利用了 PDMS 辅助的 DOSY 技术对复方药物的 NMR 信号进行分离分析。结果发现，当溶液中加入 PDMS 后，复方乙酰水杨酸片中三种有效成分的 D 值均得到了不同程度的减小，从而实现了复方药物中有效成分 NMR 信号分离的目的[图 4.16(b)]。依据谱图中各个组分的 NMR 信号分布以及相应的分子结构特征，可以推断图 4.16(b)中由上到下的组分依次为阿司匹林、咖啡因及非那西丁。

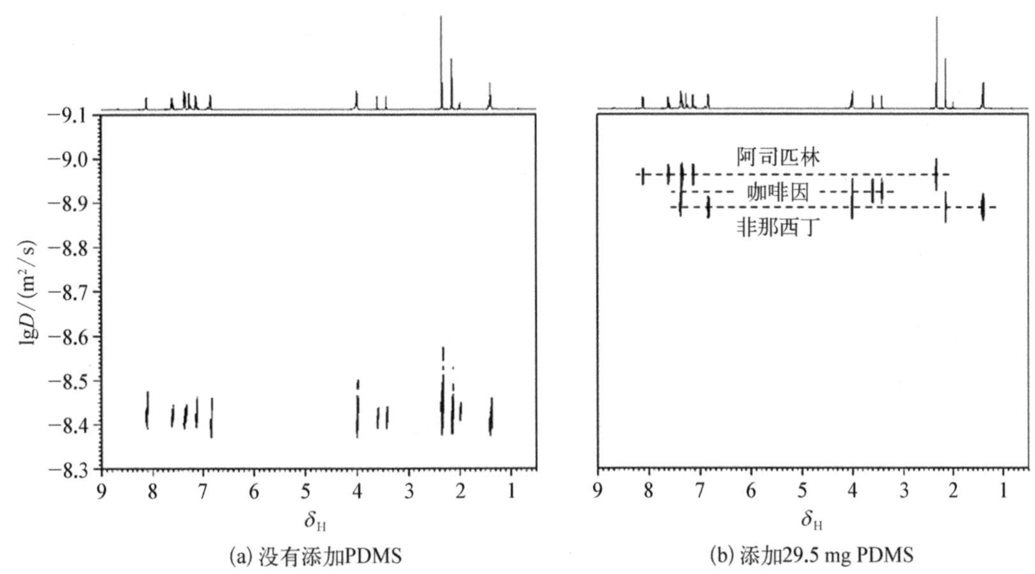

(a) 没有添加PDMS　　(b) 添加29.5 mg PDMS

图 4.16　复方乙酰水杨酸片的 2D DOSY 谱(600 MHz, $CDCl_3$)

4.1.3.6　(实验六)1D 核磁顺磁实验

【实验目的】

1. 了解核磁顺磁原理。
2. 掌握核磁顺磁实验操作方法。
3. 掌握核磁顺磁的图谱解析方法。

【实验原理】

电子顺磁共振是波谱学的一项技术，与核磁共振技术类似，都是研究磁场中磁矩与电磁辐射之间的相互作用。不同的是，顺磁共振研究的不是原子核的磁矩，而是核外未成对电子的磁矩。

依照量子力学理论，电子除了围绕原子核做轨道运动外，还在不停地做自旋运动，这两种运动都会产生角动量和磁矩。由于电子的磁矩主要是由自旋磁矩贡献的，因此电子顺磁共振也常称为电子自旋共振。依照 Pauli 不相容原理：在同一个轨道上，最多只能容纳两个自旋相反的电子。如果分子中所有的轨道都已填满电子，它们的自旋磁矩将相互抵消，这种分子就是逆磁性的，不能直接给出顺磁(EPR)信号。要想对它们进行顺磁研究，必须进行自旋标记。只有含未成对电子的分子才会产生 EPR 信号。

顺磁共振当在垂直于外磁场方向上施加一个中心频率为 ν 的射场 H1，且满足 $h\nu = \Delta E = g_e \beta_e H$ 时，处于低能级上的电子就会吸收射频场的能量向高能级跃迁，这就产生了顺磁共振信号。

【实验操作】

1. 样品配置

取待测物样品 5～10 mg 放入样品管内，加入合适的氘代试剂 0.5 mL 使其溶解后用移液枪将待测物配成的溶液吸入核磁管内，盖上核磁帽待测。

2. 操作步骤

(1) 键入“new”命令，建立新实验 PROTON

① NAME：实验样品命名，方便以后的数据查看与拷贝；

② EXPNO：实验序列号；

③ USER：用户自定义；

④ SOLVNET：选择配置样品相应的氘代试剂；

⑤ EXPERIENT：选择相应的实验操作；

⑥ DIR：存储路径；

⑦ TITLE：实验的备注信息。

(2) 键入“lock”命令，选择相应的氘代溶剂，进行锁场。

实验对磁场稳定性的要求可以通过锁场实现，通过不间断(每秒数千次)的测量—参照信号(氘信号)并与参考频率进行比较。

(3) 键入“atma”命令，进行自动调谐，保证最大程度收集信号。

(4) 输入“ts”命令，进行匀场。

(5) 键入“ased”命令，采样参数栏中“Acqupars”设定相关参数。

① 将脉冲序列“PULPROG”参数改为“zg”；

② TD：8 K；

③ NS：1280，采样次数，可对采样次数 NS 项进行修改；

④ DS：为空扫，一般默认值 16，可保证实验时样品测试时温度平衡；

⑤ SW：300～400 ppm，为相应的顺磁谱宽；

⑥ O1P：最高的信号峰，一般为溶剂峰；

⑦ D1：0.1～0.2 s，弛豫延时时间；

⑧ P1：10。

(6) 键入“g”命令，即开始自动采样。

(7) 数据处理参数栏中“PROCPARS”设定相关参数。

① S1：16 k；

② LB：100；

(8) 傅里叶变换：键入“efp”(em、ft、pk)命令。

(9) 调相位：键入“apk”命令，自动调节。

【核磁共振 1D 顺磁氢谱的数据解析】

1. 数据处理参数栏中“PROCPARS”，将 PHC0，PHC1 改为 0 后输入“efp，apk”。

2. 操作栏中选择 按钮调整相位点(主要是把向下的相位全调为向上的)。

3. 操作栏中选择 Baseline 按钮调整基线。

【谱图示例】

例 4.5　图 4.17 以谢金华的硕士论文研究为例。配置 20 mmol/L 盐酸四环素 DMSO－d_6溶液，加入不同当量的金属离子，6－OH 逐渐消失，酰胺的两个氢与 3－OH 随着 Co(Ⅱ)的加入受到了很大的影响。通过加入 0.5、1.0、2.0、3.0 当量的 Co(Ⅱ)如图 4.17 所示，少量 Co(Ⅱ)的加入对盐酸四环素产生的顺磁性化学位移不够明显，加入一个当量 Co(Ⅱ)后，盐酸四环素能够产生明显的顺磁性化学位移，并且一个当量后，盐酸四环素产生的顺磁性化学位移并没有随着 Co(Ⅱ)的增加而发生变化，因此盐酸四环素与一个当量 Co(Ⅱ)发生了配合作用。最后一个盐酸四环素与 Co(Ⅱ)形成了 1∶1 的配合物。

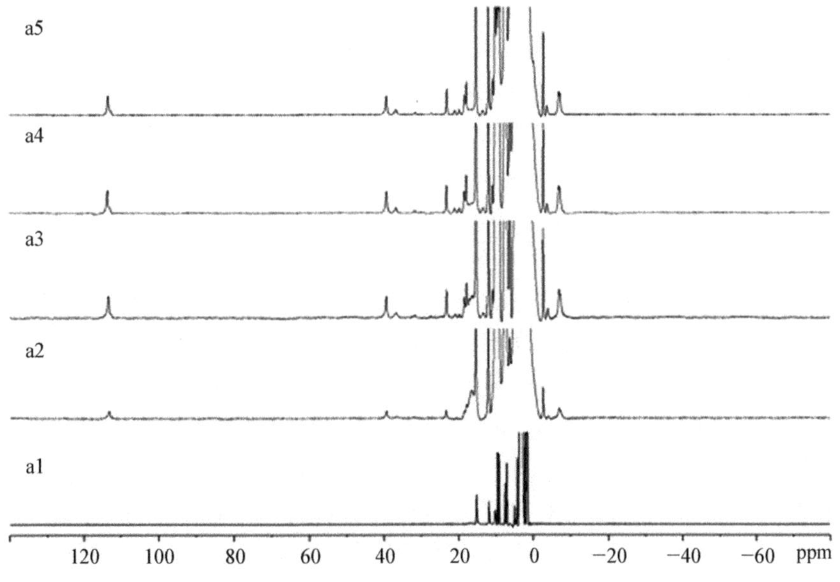

图 4.17　盐酸四环素中添加 0(a1)、0.5(a2)、1.0(a3)、2.0(a4)、3.0(a5)当量 Co(Ⅱ)的顺磁 NMR 光谱(DMSO－d_6)

4.2　质谱实验

4.2.1　基本原理

质谱法是在高真空系统中测量样品的分子离子及碎片离子质量，用以确定样品的相对分子质量及分子结构的方法。

质谱技术作为一种鉴定技术，其测定的对象可以为同位素、无机物、有机化合物、生物大分子以及聚合物，特别是在有机分子的鉴定方面发挥了重要作用。它能快速而准确地测定生物大分子的分子量，使蛋白质组研究从蛋白质鉴定深入到结构研究与各种蛋白质之间的相互作用研究。

1. 常用方法

(1) MS

质谱仪的基本原理是使试样中各组分在离子源中发生电离，生成不同质荷比的带电荷的离子，经加速电场的作用，形成离子束，进入质量分析器。在质量分析器中，再利用电场和磁场使其发生相反的速度色散，将它们分别聚焦而得到质谱图，从而确定其质量。

分辨率是指仪器对质量非常接近的两种离子的分离能力。高分辨率质谱是一种能够准确测量离子的质量，且可以准确无误地确定离子的元素(和同位素)组成的技术。高分辨质谱：准确度最高可以达到小数点后四位，基本上前三位都是准确的；一般允许的误差是0.5～2 ppm，可以认为小数点后第二位肯定是准确的。而低分辨质谱可以通过加合物生成获得分子量信息。低分辨质谱：一般可以准确到整数，一位小数是估值；或者最多精确到小数点后一位，小数点后第二位为估读。

(2) LC-MS

LC-MS检测也被称为液相色谱-质谱联用检测，是LC和MS的结合，有两者的功能，又比两者单独使用精确。LC-MS法的基本原理是混合样品通过液相色谱系统进样，由色谱柱分离，从色谱仪流出的被分离组分依次通过接口进入MS仪的离子源处并被离子化，然后离子被聚焦于质量分析器中，根据质荷比而分离，分离后的离子信号被转变为电信号，传送至计算机数据处理系统，根据MS峰的强度和位置对样品的成分和结构进行分析。

LC-MS主要用于中等极性至强极性的有机小分子化合物(分子量小于2 000，多数在1 000以下的有机化合物)的定性、定量以及化学结构分析，特别适用于有化学结构信息背景的化合物的结构鉴定，以及对复杂基质中已知化合物进行高灵敏度的定量分析。

流动相方法：常见0-30，0-60，10-80，30-90四种方法，0、10、30都是指乙腈的含量，乙腈含量越大，流动相极性越小，出峰越靠前。

样品要求：① 样品需用极性的色谱纯溶剂(或流动相)溶解，并经微孔滤膜(≤0.45 μm)过滤。② 样品中不含难挥发性磷酸盐等无机盐，高浓度的表面活性剂，离子对试剂，强酸、强碱等化合物。③ 样品(包括所含杂质)须稀释到合适的浓度范围，并最好提供LC分析的资料。④ 提供尽可能全的样品信息。

看LC-MS的步骤：① 先看MS部分，看有没有所要的离子峰，并且要看清楚该化合物是否有MS信号，是否掩盖周围的峰。② 再看LC部分，看含量有多少，并且要看清楚该化合物是否有强的HPLC信号，是否掩盖周围的峰。③ 两者结合起来看，推测反应进行的程度和反应产生的杂质。

(3) GC-MS

GC-MS检测也被称为气相色谱-质谱联用检测，GC-MS法的基本原理是先由气相色谱对待测混合物质进行高效分离，分离后的各个组分会依次进入质谱仪中，经电离后转化为离子，然后质谱仪开始进行分析测定，得出准确的检测结果，结果以质谱信号的形式传送到计算机系统中，最终由计算机完成相关分析。

GC－MS主要用于挥发性、半挥发性，且热稳定的有机小分子化合物（相对分子质量一般不超过500，多数在300以下）的定性、定量以及化学结构分析，适用于对这些化合物进行高灵敏度、高准确性的直接GC－MS分离分析，或衍生化后的GC－MS分离分析。

样品要求：① 样品需用有机溶剂溶解。② 样品中不含无机盐、强酸、强碱等化合物。③ 样品中不含难挥发（沸点>450℃）的组分。④ 样品（包括所含杂质）须稀释到合适的浓度范围，最好有气相色谱分析的资料。⑤ 样品须经微孔滤膜（≤0.45 μm）过滤。⑥ 提供尽可能全的样品信息。

2. 质谱仪离子源

(1) 电轰击电离（EI）

EI源使用具有一定能量的电子直接轰击样品而使样品分子电离。这种离子源能电离挥发性化合物、气体和金属蒸气，是质谱仪中广泛采用的一种离子源。

EI的优点在于易于实现，质谱图再现好，而且含有较多的碎片离子信息，有利于未知物结构的推测。其缺点是当样品分子稳定性不高时，分子离子峰的强度低，甚至没有分子离子峰。当样品不能汽化或遇热分解时，则更没有分子离子峰。电子轰击的缺陷是分子离子信号变得很弱，甚至检测不到。

EI源要求固液态样品汽化后再进入离子源，因此不适合难挥发和热不稳定的样品。

(2) 电喷雾电离（ESI）

电喷雾电离采用强静电场电离技术使样品形成高度荷电雾状小液滴，经过反复的溶剂挥发、液滴裂分后产生单个多电荷离子，电离过程中产生多重质子化离子。

ESI电离是很软的电离方法，通常没有碎片离子峰而只有整体分子的峰，因此适合做分子量确认。对于分子量大、稳定性差的化合物，也不会在电离过程中发生分解，它适合于分析极性强的大分子有机化合物（分子量在5 000以上，甚至超过百万），如药物、肽、糖等。它最大的特点就是可以生成多电荷离子，可使仪器检测的质量范围提高几十倍甚至更多。

但是ESI源要求待测样品在溶液中必须能够形成离子；流动相中缓冲盐的种类和浓度对灵敏度均有显著影响，因此流动相的选择非常重要；基质抑制现象较为明显。

(3) 大气压化学电离（APCI）

APCI是介于ESI和EI源之间的一种离子源，主要应用于液相色谱质谱联用仪中，其也是产生$(M+H)^+$或$(M-H)^-$等准分子离子峰，几乎不产生碎片。工作原理是：样品流经热喷雾器，加热器辅助样品分子快速蒸发。电晕针持续放电使得源内O_2或N_2分子电离，然后将电荷转移给溶剂分子，溶剂离子将电荷转移给目标分子，最终目标离子进入质量分析器。

大气压化学电离源主要用来分析中等极性或低极性的小分子化合物。有些分析物由于结构和极性方面的原因，用ESI不能产生足够强的离子，可以采用APCI方式增加离子产率。APCI主要产生的是单电荷离子，所以分析的化合物分子量一般小于2 000 Da。用这种电离源得到的质谱很少有碎片离子，主要是准分子离子。

APCI源要求样品要有一定的挥发性，要能够进行气态离子化；热不稳定的化合物不能使用这种方式进行测定。

(4) 基质辅助激光解析电离飞行时间质谱(MALDI-TOF-MS)

MALDI-TOF-MS是新发展起来的一种软电离生物质谱。仪器主要由两部分组成：基质辅助激光解吸电离离子源(MALDI)和飞行时间质量分析器(TOF)。MALDI的原理是用激光照射样品与基质形成的共结晶薄膜，基质从激光中吸收能量传递给生物分子，而电离过程中将质子转移到生物分子或从生物分子得到质子，而使生物分子电离的过程。TOF的原理是离子在电场作用下加速飞过飞行管道，根据到达检测器的飞行时间不同而被检测即测定离子的质荷比(m/z)与离子的飞行时间成正比，检测离子。

MALDI-TOF-MS与传统的磁式质谱相比，其特点有：① 可实现纳秒量级的瞬时记录，经过多次瞬时记录累加得到的质谱图，其信噪比得到了极大的改善。② 具有高的离子流通率，因而获得高的灵敏度，甚至能检测到离子化区的几个原子。③ 原则上可检测的分子量范围没有限制。④ 对固体、液体表面分析，可以很好地控制离子化的位置或深度，分析时间大大缩短。

MALDI-TOF最适合的是分析混合物或者生物大分子，如肽类、脂类、核酸、糖类和其他有机大分子(分子量在5 000以上，甚至超过百万)。对于一些非挥发性和热不稳定性的化合物也是一种很好的选择。

3. 常见出峰规律

1) 特征系列

(1) 不含氮

① 环烃系列 C_nH_{2n-2}：40、54、68、82、96、110……

② 烯烃环烃系列 C_nH_{2n-1}：41、55、69、83、97、111……

③ 消除与环碎化系列 C_nH_{2n}：42、56、70、84、98、112……

④ 烷基与羰基系列或 $C_nH_{2n+1}CO$：29、43、57、71、85、99、113……

⑤ 醛酮重排系列 $C_nH_{2n}O$：44(醛)、58(酮)、72、86、100、114……

⑥ 含氧碎片系列 $C_nH_{2n+1}O$：31(伯)、45(仲)、59(叔)、73、87、101、115……

⑦ 羧酸与酯重排系列 $C_nH_{2n+1}COOH$：60(酸)、74(酯)、88、102、116、130……

⑧ 含硫碎片与酯脱烯系列 $C_nH_{2n+1}S$：47(硫)、61(酯)、75、89、103、117……

⑨ 苄基苯系列 C_nH_{2n-7}：91、105、119、133……

⑩ 芳基系列 C_nH_n：39、51、65、77……

(2) 含氮

① 腈系列 $(CH_2)_nCN$：40、54、68、82、96、110……

② 含氮碎片系列 $C_nH_{2n+2}N$：30、44、58、72、86、100、114……

③ 酰胺重排系列 $C_nH_{2n+1}CONH_2$：59、73、87、101、115……

④ 亚硝酸酯系列 $RCH=ONO^+$：74、88、102、116……

2) 分子离子峰

强：含芳环或芳杂环化合物

较强：含脂环或脂杂环化合物

中等：硫醚和硫酮>硫醇>烯烃>直链烷烃

弱：酰胺>酮>醛>酯>醚>羧酸>支链烃

很弱或没有：腈、胺、硝基化合物、亚硝酸酯、醇、缩醛

4. 常用溶剂在LC-MS中的信号响应(表4.1)

表4.1 常用溶剂在LC-MS中的信号响应

溶剂名称	ELSD信号	UV信号	MS信号
甲苯	无	有 254 nm吸收较强	无
苯	无	有 254 nm吸收较强	无
DMSO	无	有	$[M+H+CH_3CN]$120 $[2M+H]$157,有质谱背景残留
氘代DMSO	无	有	$[M+H+CH_3CN]$126 $[2M+H]$169
DMF	无	有 220 nm有吸收	$[M+H+CH_3CN]$115 $[2M+H]$147,有质谱背景残留
吡啶	无	有 254 nm吸收较强,易残留,如果做反应溶剂请处理后再送样	$[M+H]$80 $[M+H+CH_3CN]$115
丙酮	无	有 254 nm有吸收	$[M+H+CH_3CN]$100
乙酸乙酯	无	有 220 nm吸收较强	$[M+H+CH_3CN]$130 $[2M+H]$177
草酸	无 碱性条件	有	$[M-H]$89
二氯甲烷	无	有 220 nm有吸收	无
甲醇	无	210 nm建议用分析室的	分子量较小,质谱扫不到
乙醇	无	210 nm建议用分析室的	分子量较小,质谱扫不到

5. 质谱图解析的方法和步骤

(1) 由分子离子峰获取分子量与元素组成信息:质谱测定最主要的目的之一是取得被测物的分子量信息。因此,根据分子离子峰的m/z值确定分子量通常是谱图分析的第一步骤。分子离子必须是质谱图中质量最大的离子峰,谱图中的其他离子必须能由分子离子通过合理地丢失中性碎片而产生。

除了相对分子质量之外,分子离子提供的信息还包括:

① 是否含奇数氮原子。当分子离子的质量为奇数时,则可断定分子中含有奇数个N原子。

② 含杂原子的情况。氯、溴元素的同位素丰度较强。含氯、溴的分子离子峰有明显的特征,在质谱图上易于辨认。通过同位素峰的峰形,还可了解这两种元素在分子中的原子数目。根据谱图分子离子的同位素峰及丰度,也可以分析被测样品是否存在其他元素,如Si、S、P等。

③ 对于化学结构不是很复杂的普通有机物,根据其分子离子的质量和可能的元素组成,可以计算分子的不饱和度(U)及推测分子式。

(2) 根据分子离子峰和附近碎片离子峰的 m/z 差值推测被测物的类别：根据质谱图中分子离子峰与附近碎片离子峰的 m/z 差值，可推测分子离子失去的中性碎片以及被测物分子的结构类型。

(3) 根据碎片离子的质量及所符合的化学通式，推测离子可能对应的特征结构片段或官能团。

(4) 结合分子量、不饱和度、碎片离子结构及官能团等信息，合并可能的结构单元，搭建完整的分子结构。

在前几步对谱图分析的基础上，将可能的结构单元全部列出，再根据不饱和度、元素分析并结合其他波谱分析等方法，肯定合理或排除不合理的结构。此外，由计算不饱和度，也可帮助做出正确的判断。

(5) 核对主要碎片离子。检查推测得到的分子是否能按质谱裂解规律产生主要的碎片离子。如果谱图中重要的碎片离子不能由所推测的分子按合理的裂解反应过程产生，则需要重新考虑所推测的化合物的分子结构。

(6) 结合其他分析方法最终确定化合物的结构。如有必要可结合 NMR、IR、UV 谱图和元素分析结果对被测物的结构做出确定。

4.2.2 实验准备

1. 软件设置(岛津 LC - IT - TOF)

(1) 仪器及 LCMS solution 的启动。

确认氮气、氩气的供给→双击桌面图标，显示工作站→连接仪器和 PC，启动 LCMS solution→使用分析窗口的设置监控面板确认各部分的真空度。

(2) 自动调谐。

(3) 创建方法文件。

关闭【Tuning Result】窗口，并单击【Data Acquisition】→单击【File】的【New Method File】新建方法→按照需求编辑方法文件→单击【File】中的【Save As...】进行保存→单击【DownLoad】将方法传送至仪器。

(4) 开始分析。

启动【CDL】、【Interface】、【Drying Gas】、【Switch Solvent Flow Line】→根据需要设置干燥气流量→进行柱平衡→打开【Sing Run】进行设置→单击【Advanced】确认设置窗口→单击【OK】开始分析。

(5) 批量处理分析。

(6) 分析结束。

(7) 使用 LCMS solution 进行后处理。

(8) 打印结果。

选择【File】中的【Print Image】，单击【Print】。

2. 样品配制

有机质谱仪适合分析分子量为 50～2 000 的液体。

配置样品工具：1 mL 针管或移液枪、滤膜(可将固体过滤出)、容量瓶、质谱瓶。

配置样品溶解液：要保证样品溶解度良好，溶液均一，方便后续进入检测器中。

样品制备流程：使用精密天平称取一定量样品到容量瓶中（不确定浓度时可从0.5 mg/mL开始实验，通过液相色谱的出峰高度进行样品浓度调节），加入分析纯级别的有机溶剂（常用纯度为99.9%的乙腈溶液和甲醇溶液，或超纯水），振摇数次后超声5 min左右，用针管吸取一定量有机溶剂，选取合适孔径滤膜，注入样品瓶中盖好盖子（一般注入0.5～1.5 mL），最后用记号笔标记清楚。

有机系滤膜：用于有机相或者有机相溶液的过滤，如过滤水溶液错选了有机膜，会导致过滤流速极低或者干脆无法过滤；水系滤膜：只能过滤水溶液，过滤有机相溶液时，滤膜会溶解掉，溶有滤膜的溶剂会对液相仪器以及色谱柱造成严重损伤。孔径0.22 μm：去除样品，流动相中极细颗粒，适用于要求较高的溶剂和样品的处理，如色谱用离子对试剂、超纯水、质谱分析溶剂的样品等的过滤；孔径0.45 μm：能滤过大多数微生物，适用于常规样品、流动相的过滤，能够满足一般色谱要求。

样品溶液浓度无硬性要求，且质谱测试为微量测试，过高的浓度会对仪器本身造成危害，所以无须大量取样。

4.2.3　实验内容

4.2.3.1　（实验一）LC-MS ESI源测试小分子

【实验目的】

1. 学习LC-MS ESI正离子源测试小分子（苯甲酸）的实验操作及数据分析方法。
2. 学习LC-MS ESI负离子源测试小分子（CTAB）的实验操作及数据分析方法。

【实验操作】

1. ESI正离子源测试小分子（苯甲酸）的实验操作

（1）溶液配制

称取1 mL苯甲酸标准品（纯度≥99.9%），用50%乙腈（色谱纯）和50%水溶液定容为500 mL。取稀释样5 mL，通过固相萃取后用水清洗抽干，最后用2 mL甲醇（色谱纯）洗脱，吹干后残留物用1 mL流动相（乙腈∶水=47∶53，体积比）充分溶解，过0.45 μm滤膜，取5 μL进样进行液质分析。

（2）质谱条件

电离方式：电喷雾离子源（ESI）；扫描方式：负离子检测；气帘气：0.1 MPa；加热辅助气与雾化气：0.38 MPa；碰撞气CAD：高；喷雾电压IS：4 500 V；雾化温度：500℃。

2. ESI负离子源测试小分子（CTAB）的实验操作

（1）溶液配制

称取CTAB样品10 mg，用50%乙腈水溶液配制成10 mg/L的对照品母液。取CTAB对照品母液，用50%乙腈水稀释至1.5 μg/L，进行液质检测。

（2）质谱条件

离子源：ESI，正负离子同时检测模式；雾化气流速：3 L/min；干燥气流速：10 L/min；驻留时间：30 ms；接口温度：300℃；DL温度：220℃；接口电压：4.0 kV；扫描范围为200～300 m/z。

【数据分析】

1. ESI正离子源测试小分子（CTAB）的数据分析

小分子化合物的ESI电离大多是生成带一个电荷的分子离子。图4.18所示是CTAB

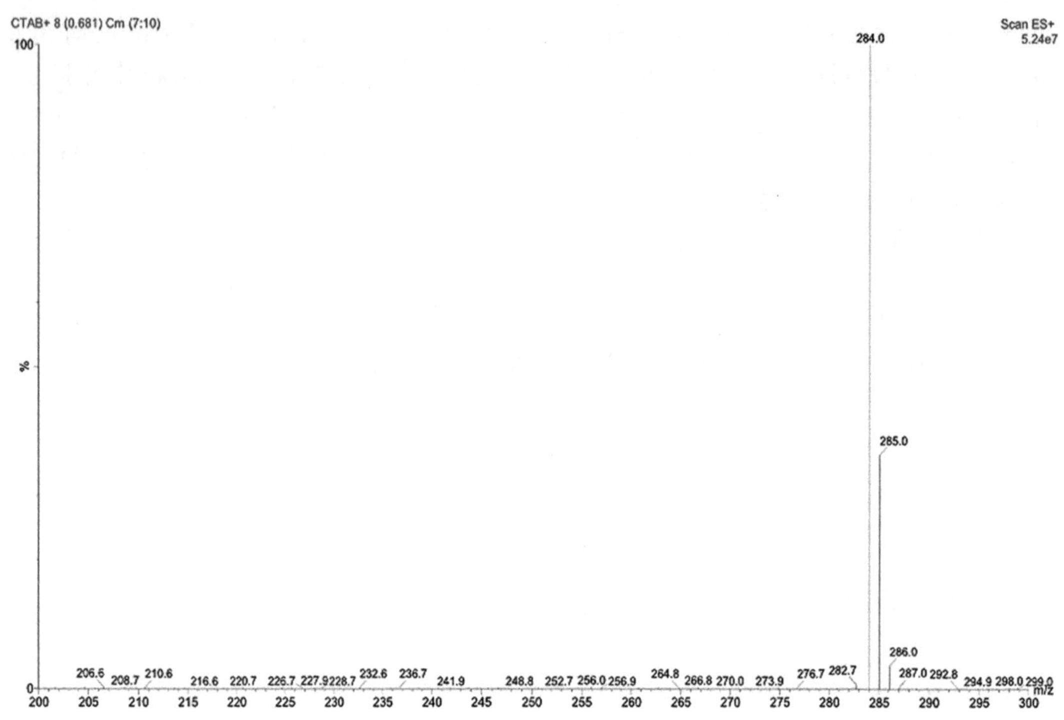

图 4.18　小分子(CTAB)的 ESI－MS 谱图

小分子的 ESI－MS 正离子质谱图。

CTAB 的分子量为 363.2501，其 ESI－MS 正离子质谱图中的 m/z 284.0 质谱峰是失去一个溴离子的分子离子峰。

2. ESI 负离子源测试小分子(苯甲酸)的数据分析

如图 4.19 所示是苯甲酸小分子的 ESI－MS 负离子质谱图。

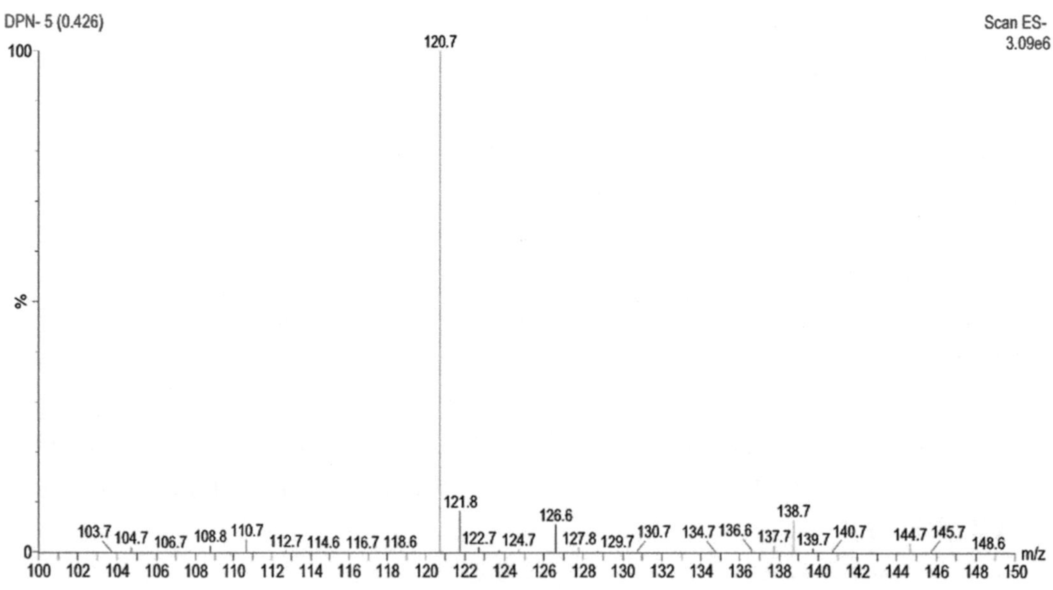

图 4.19　小分子(苯甲酸)的 ESI－MS 谱图

苯甲酸的分子量为 122.0，其 ESI－MS 负离子质谱图中的 m/z 120.7 质谱峰是失去一个质子的分子离子峰。

【计算数据和测试数据比较】

有机小分子化合物：分子量小于 2 000，多数在 1 000 以下；有机大分子化合物：分子量在 5 000 以上，甚至超过百万。

1. ESI 正离子源测试小分子(苯甲酸)的数据比较

根据 Chemdraw 所得苯甲酸的信息如下：

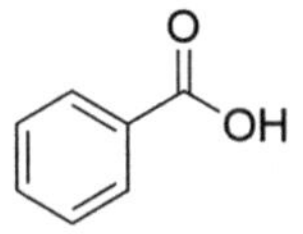

Chemical Formula: $C_7H_6O_2$
Exact Mass: 122.0368
Molecular Weight: 122.1230
m/z: 122.0368 (100.0%), 123.0401 (7.6%)
Elemental Analysis: C, 68.85; H, 4.95; O, 26.20

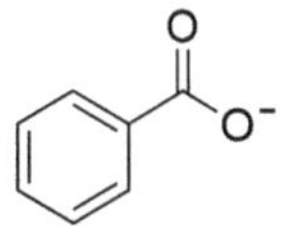

Chemical Formula: $C_7H_5O_2^-$
Exact Mass: 121.0295
Molecular Weight: 121.1155
m/z: 121.0295 (100.0%), 122.0328 (7.6%)
Elemental Analysis: C, 69.42; H, 4.16; O, 26.42

苯甲酸负离子模式时在 m/z 120.7 处有强信号峰，为苯甲酸根离子。

2. ESI 负离子源测试小分子(CTAB)的数据比较

根据 Chemdraw 所得 CTAB 与 $CTAB^+$ 的信息如下：

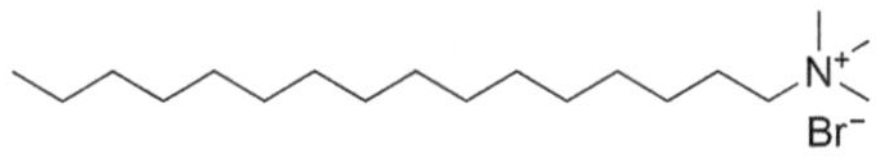

Hexadecyl trimethyl ammonium Bromide
CTAB
Chemical Formula: $C_{19}H_{42}BrN$
Exact Mass: 363.2501
Molecular Weight: 364.4560
m/z: 363.2501 (100.0%), 365.2480 (97.3%), 364.2534 (20.5%), 366.2514 (20.0%), 365.2568 (2.0%), 367.2547 (1.9%)
Elemental Analysis: C, 62.62; H, 11.62; Br, 21.92; N, 3.84

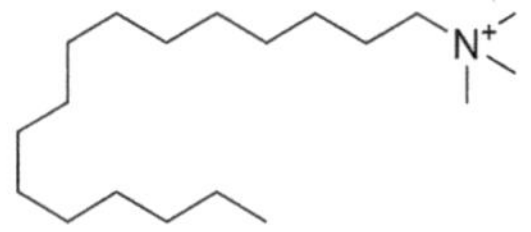

$CTAB^+$
Chemical Formula: $C_{19}H_{42}N^+$
Exact Mass: 284.3312
Molecular Weight: 284.5515
m/z: 284.3312 (100.0%), 285.3346 (20.5%), 286.3379 (2.0%)
Elemental Analysis: C, 80.20; H, 14.88; N, 4.92

CTAB 正离子模式时在 m/z 284 处有强信号峰，为 $CTAB^+$。

【数据误差分析】

(1) 准确度：指离子测量的准确性。一般用真实值和测量值之间的误差来评价，单位 ppm，主要取决于质量分析器的性能和分辨率的设置。

(2) 质量测量准确度的表示方法如下：

$$(|M - M_0| \div m)(\text{ppm})$$

式中，M 为离子质量的实测值；M_0 为离子质量的理论值；m 为离子的质量数。

(3) 对于高分辨率质谱通常要求仪器的质量测量准确度小于 10 ppm，才能满足定性分析的需要。

由此可得 CTAB 的数据误差分析为($|284.3 - 284.0| \div 284.3$) = 1.05 ppm，小于 10 ppm，符合要求。

由此可得苯甲酸的数据误差分析为(|122.0−120.7|÷122.0)=1.64 ppm，小于10 ppm，符合要求。

【注意事项】

ESI(正离子模式)：适用于碱性样品，含氮化合物更容易黏附氢正离子，在正离子源中容易出分子离子峰。

ESI(负离子模式)：适用于酸性样品，酸性化合物更容易轰击掉氢正离子，如酸、酚类化合物。

4.2.3.2 (实验二)LC-MS ESI 源测试小分子与大分子相互作用

【实验目的】

学习 LC-MS ESI 源测试大分子(溶菌酶)和有机小分子(DCPOP)相互作用的实验操作及数据分析方法。

【实验操作】

1. 溶液配制

准确称取 2.73 mg 的 DCPOP，并将其用 5 mL DMSO 溶解，配制成浓度为 1×10^{-3} mol/L 的标准溶液即储备液。进行液质联用测试时，再加入 180 mL DMSO 将上述储备液稀释到 0.027 mmol/L。

样品由等体积的 DCPOP 甲醇(分析纯，99.9%)溶液和溶菌酶溶液混合制备，$C_{Lys}=C_{DCPOP}=0.027$ mmol/L，$V_{Lys}=V_{DCPOP}$。

2. 质谱操作(ESI-Q-TOF-MS)

测试样品溶于甲醇中，然后通过蠕动泵注入电喷雾质谱分析，电离源为正、负离子模式。多级质谱采用的是 Bruker Esquire-3000 电喷雾-离子阱多级质谱仪，氦气作为碰撞气体。正、负离子检测模式下的离子化参数如下：喷雾电压为 4 000 V，毛细管温度为 300℃，喷雾气(N_2)7 psi，干燥气(N_2)流速为 4 L/min，温度为 300℃。扫描范围为 15～500 m/z。高分辨质谱采用的是 ESI-Q-TOF-MS 电喷雾-四级杆-飞行时间串联质谱。样品均为甲醇配制的浓度为 0.1 mg/mL 的溶液。

【数据分析】

大分子(溶菌酶)和有机小分子(DCPOP)混合液的 ESI 质谱图如图 4.20 所示，图中出现了一些新的离子峰 m/z 1485.81921，1594.67246，1710.45728，1770.44137，1858.63647，1922.82581，分别对应于$(M+DCPOP)^{10+}$，$(M+3DCPOP)^{10+}$，$(M+2DCPOP)^{9+}$，$(M+3DCPOP)^{9+}$，$(M+DCPOP)^{8+}$，$(M+2DCPOP)^{8+}$。这些结果表明每个溶菌酶可能与 1～3 个 DCPOP 相互作用。

【注意事项】

如果无法测出，应如何改变条件?

如果无法测出，则可以通过优化锥孔电压进行改进。锥孔电压主要影响离子进入质谱的速度。锥孔电压高，离子速度快，离子损失小，检测灵敏度高。但是过高的锥孔电压会增加离子间的碰撞，引起源内裂解，产生碎片离子。所以通常优化时低分子量选用低电压，高分子量选用高电压。

在任何质谱中，增大锥孔电压，可以在离子源区获得更多的碎片。所以，常被称为源内 CID 技术。因为液质联用是软电离技术，一般只有分子离子峰或+Na/+K 等峰，没有碎片

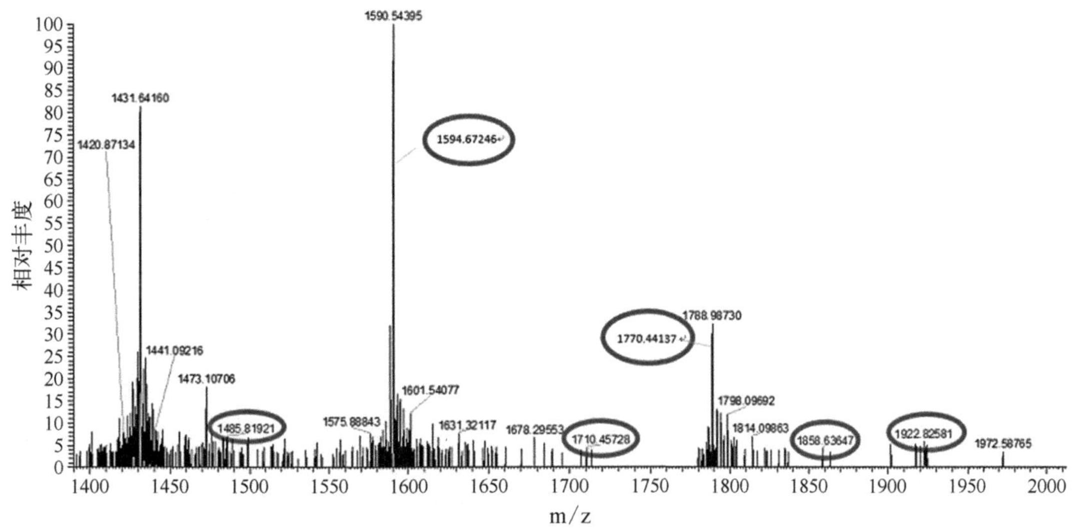

图 4.20　溶菌酶与 DCPOP 的 ESI 谱图

峰。在没有多级质谱之前，要获得更多的碎片，就要进行源内 CID，即提高锥孔电压。在多级质谱中，锥孔电压还有一个作用，就是加一点锥孔电压可以去掉一些分子加合峰。

4.2.3.3　(实验三)GC－MS－EI 源测试小分子

【实验目的】

学习 GC－MS－EI 测试多取代芳烃小分子(2,6－二氯苯甲醛)的实验操作及数据分析方法。

【实验操作】

1. 溶液配制

准确称量 2,6－二氯苯甲醛 100 mg 于 100 mL 容量瓶中，用二氯甲烷(AR 分析纯)定容，得到浓度为 1 g/L 的标准储备液。然后取 1 mL 储备液，用 5 mL 二氯甲烷定容配置浓度为 200 mg/L 的使用液，用一次性针筒取 1.5 mL 进行 GC－MS 检测。

2. 质谱操作

电子轰击(EI)离子源，电子能量 70 eV，离子源温度 230℃，四极杆温度 150℃，质量扫描范围 50～650 u。扫描方式：全扫描；溶剂延迟 5 min。

【数据分析】

当其中一个粗品产物(2,6－二氯苯甲醛)的 GC－MS 分析如下：

CHO
Cl　Cl

Chemical Formula: $C_7H_4Cl_2O$
Exact Mass: 173.9639
Molecular Weight: 175.0080
m/z: 173.9639 (100.0%), 175.9610 (63.9%), 177.9580 (10.2%), 174.9673 (7.6%), 176.9643 (4.8%)
Elemental Analysis: C, 48.04; H, 2.30; Cl, 40.51; O, 9.14

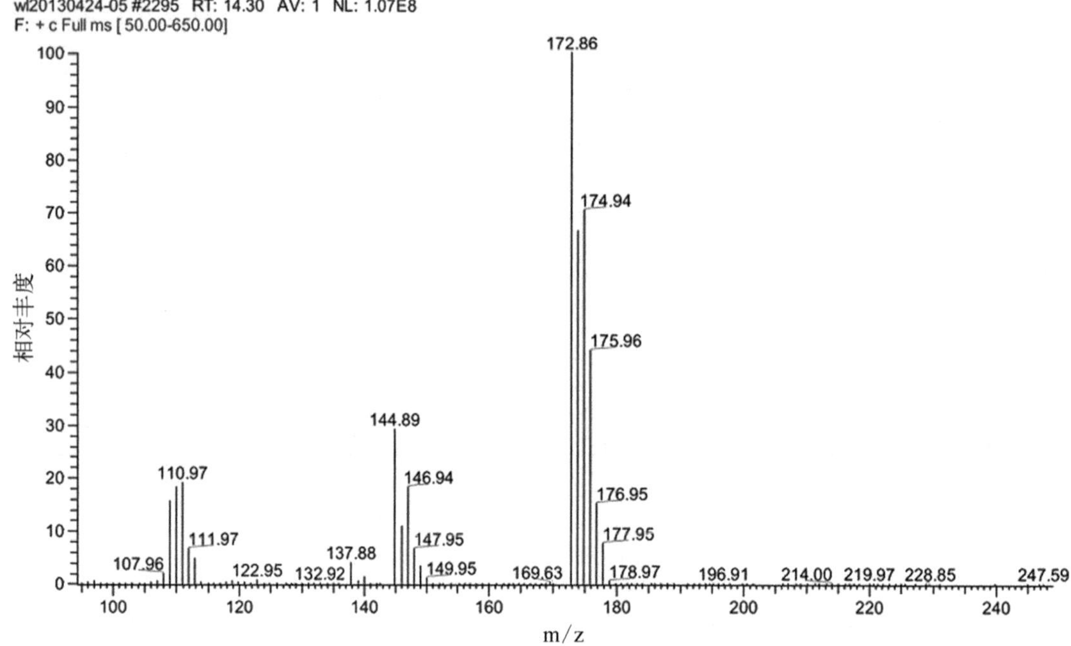

图 4.21　小分子(2,6-二氯苯甲醛)的 GC-MS 图

2,6-二氯苯甲醛的分子量为 173.96,其 EI-MS 质谱图中的 m/z 172.86 质谱峰是控制锥孔电压后失去一个质子的分子离子峰。

【注意事项】

(1) 进行 GC-MS 检测前,样品需经过严格的除水操作,如加入合适的干燥剂。

(2) GC-MS 的适用范围:主要用于挥发性、半挥发性,且热稳定的有机小分子化合物(分子量一般不超过 500,多数在 300 以下)的定性、定量以及化学结构分析,适用于对这些化合物进行高灵敏度、高准确性的直接 GC-MS 分离分析,或衍生化后的 GC-MS 分离分析。

第5章　性能测试

本章提要

本章主要围绕有机分子性能测试实验，介绍吸收光谱和荧光光谱测试实验。每部分实验均包含实验原理、实验准备及实验具体实例操作。紫外吸收光谱部分含1个实验例子，荧光光谱部分含4个相应的实验实例。每个实验实例，均包含实验原理、实验仪器和试剂及实验操作，易操作和理解。

5.1　吸收光谱性能测试实验

5.1.1　基本原理

紫外-可见吸收光谱是物质中分子吸收200～760 nm光谱区内的光而产生的。这种分子吸收光谱产生于价电子和分子轨道上的电子在电子能级跃迁。吸光光度法就是基于这种物质对电磁辐射的选择性吸收的特性而建立起来的，它属于分子吸收光谱。

1. 光谱的电子跃迁选律

光谱选律：原子和分子与电磁波相互作用，从一个能量状态跃迁到另一个能量状态要服从一定的规律，这些规律称为光谱选律。

允许跃迁：如果两个能级之间的跃迁根据选律是可能的，称为允许跃迁，其跃迁概率大，吸收强度大。

禁阻跃迁：如果两个能级之间的跃迁根据选律是不可能的，称为禁阻跃迁，其跃迁概率小，吸收强度很弱甚至观察不到吸收信号。

(1) 自旋定律：电子自旋量子数发生变化的跃迁是禁止的，即分子中的电子在跃迁过程中自旋方向不能发生改变。

(2) 对称性选律：$\pi\rightarrow\pi^*$、$\sigma\rightarrow\sigma^*$是允许跃迁；$\sigma\rightarrow\pi^*$、$\pi\rightarrow\sigma^*$是禁阻跃迁；$n\rightarrow\pi^*$、$n\rightarrow\sigma^*$是禁阻跃迁。

2. 紫外吸收光谱表示法

这里主要介绍图示法。紫外光谱图是由横坐标、纵坐标和吸收曲线组成的。横坐标表示吸收光的波长，用nm(纳米)为单位。纵坐标表示吸收光的吸收强度，可以用A(吸光度)、吸收系数(ε或$\lg\varepsilon$)中的任何一个来表示。吸收曲线表示化合物的紫外吸收情况。曲线最大吸收峰的横坐标为该吸收峰的位置，纵坐标为它的吸收强度。物质的紫外-可见吸收光谱图见图5.1。

吸收峰：曲线上吸收最大的地方，所对应的波长称为最大吸收波长 λ_{max}。

吸收谷：峰与峰之间吸收最小的部位叫谷，所对应的波长称为最小吸收波长 λ_{min}。

肩峰：指当吸收曲线在下降或上升处有停顿或吸收稍有增加的现象。

末端吸收：在图谱短波端只呈现强吸收而不成峰形的部分称为末端吸收。

强带：化合物的紫外可见吸收光谱中，凡摩尔吸光系数大于 10^4 的吸收峰称为强带。

弱带：化合物的紫外可见吸收光谱中，凡摩尔吸光系数小于 10^3 的吸收峰称为弱带。

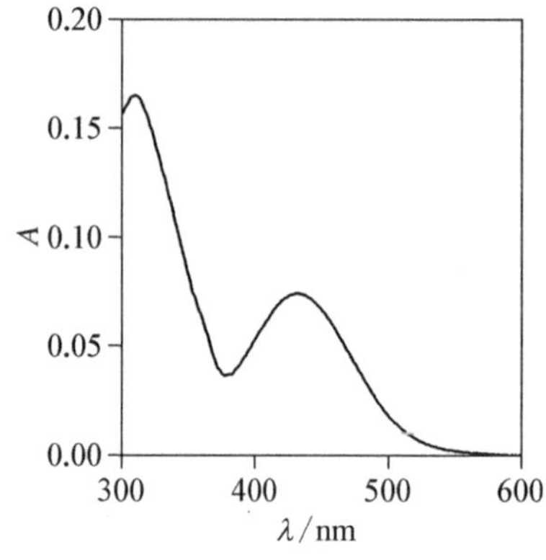

图 5.1　物质的紫外-可见吸收光谱图

图 5.2　$\pi \to \pi$ 共轭对 λ_{max} 的影响

3. 紫外光谱的 λ_{max} 的主要影响因素

(1) 共轭效应对 λ_{max} 的影响

$\pi \to \pi$ 共轭对 λ_{max} 的影响：共轭烯类 C═C—C═C 中，每个双键的 π 轨道相互作用，形成一套新的成键及反键轨道(图 5.2)。

共轭体系越长，其最大吸收越移往长波方向，且出现多条谱带。

两个不同发色团相互共轭时，对光谱的影响与上述情形相似。

$$CH_3CH{=}CH{-}CH{=}O$$

$p \to \pi$ 共轭对 λ_{max} 的影响：具有孤对电子(n 电子)的基团，如—OH、—X、—NH_2 被引入双键一端，产生 $p \to \pi$ 共轭效应形成新分子轨道 π_1、π_2、π_3^*，使 λ_{max} 向长波方向移动，同时 ε_{max} 增加。

超共轭效应对 λ_{max} 的影响：烷基取代双键 C 上的 H 以后，通过烷基的 C—H 键和 π 键电子云重叠引起的共轭效应，使 $\pi \to \pi^*$ 跃迁红移，但影响较小。

$$C{=}C{-}C{-}H$$

(2) 立体效应对 λ_{max} 的影响

空间位阻对 λ_{max} 的影响：空间位阻使生色团之间、生色团与助色团之间拥挤，排斥于同一平面之外，共轭程度降低，λ_{max} 减小。

顺反异构对 λ_{max} 的影响：反式异构较顺势异构空间位阻较小，能有效共轭，键的张力较小，$\pi \to \pi^*$ 跃迁能量较小，λ_{max} 位于长波端，吸收强度较大。

跨环效应对 λ_{max} 的影响：分子中两个非共轭生色团处于一定的空间位置，尤其在环系中，有利于电子轨道间的相互作用。如图 5.3 所示，在环系中多一个非共轭双键，可能影响峰的个数、摩尔消光系数(吸收光的能力)等性质。

图 5.3 跨环效应对 λ_{max} 的影响

(3) 溶剂极性对 λ_{max} 的影响

极性增大使 $\pi \to \pi^*$ 红移，$n \to \pi^*$ 跃迁蓝移，精细结构消失。如图 5.4 所示，溶剂的极性增加可以降低溶质分子的成键和非键轨道。

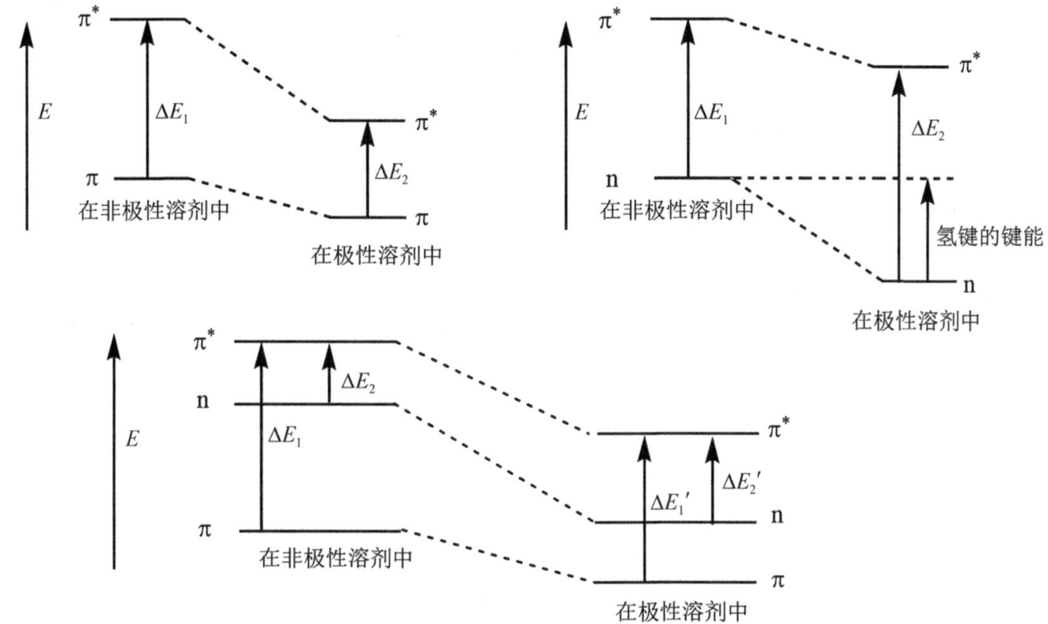

图 5.4 溶剂极性对电子跃迁能量的影响

由于对成键轨道和非键轨道的降低程度不同，造成了非键轨道到成键轨道的能级差发生不同的变化，从而产生能量的变大或变小，进而造成吸收峰最大值的蓝移（波长变短）或红移（波长变长）。这是分子光谱学的一个重要性质，可以用于判断分子不同轨道的极性、氢键的产生、电子（电荷）的转移等过程。

(4) 溶液的 pH 值对 λ_{max} 的影响

在测定酸性、碱性或两性物质时，溶液的 pH 值对 λ_{max} 有较大的影响。如对苯酚和苯胺的吸收光谱进行研究，苯酚在高 pH 中会以酚氧负离子（PhO^-）的形式出现，而苯胺在低 pH 中会以铵盐（$PhNH_3^+$）的形式出现，二者的吸收与其中性形式的分子均不相同。

4. 紫外光谱摩尔消光系数 ε_{max} 的主要影响因素

摩尔消光系数（ε）是评价物质吸收光能力的重要参数，在最大吸收波长处的摩尔消光吸收是最常用的数据，标记为 ε_{max}。其影响因素包括跃迁概率和靶标面积。

(1) 跃迁概率对 ε_{max} 的影响：允许跃迁，跃迁概率大，吸收强度大，如 $\pi \to \pi^*$，ε_{max} 常大于 10^4。禁阻跃迁，跃迁概率小，吸收强度很弱 $n \to \pi^*$，ε_{max} 常小于 100。因此，n 轨道的能级极

大地影响了物质的吸光能力。由于 n 轨道主要由杂原子贡献,所以分子结构中杂原子的位置设计就成为调节物质吸收能力的重要策略。

(2) 靶标面积对 ε_{max}的影响:靶标面积越大,越容易被光子集中,强度越大。因此物质中发色团的共轭结构的设计也可以极大地影响 ε_{max}。

5. 液体吸收光谱测定中的溶剂选择

因为研究对象是溶质分子,所以选择溶剂时需要最大限度地降低溶剂带来的影响,应考虑的因素有以下几点:

(1) 物质的溶解度。液体吸收光谱一般研究的是独立分子的吸收能力,因此尽可能减少聚集体的形成是重要的考虑因素。

(2) 溶剂在使用波段有无吸收。这被称为溶剂的透明窗口,常见溶剂的光谱透明窗口见表 5.1。

表 5.1 紫外光谱测量常用溶剂的透明窗口(单位: nm)

溶 剂	透明窗口	溶 剂	透明窗口
95%乙醇	210	乙醚	210
水	210	异辛烷	210
正己烷	210	环己烷	210
二氯甲烷	235	二氧六环	230
1,2-二氯乙烷	235	四氢呋喃	220
甲酸甲酯	260	氯仿	245
四氯化碳	265	苯	280
N,*N*-二甲基甲酰胺	270	正丁醇	210
丙酮	330	异丙醇	210
吡啶	305	甲醇	215
乙腈	210	庚烷	210
异辛烷	210		

(3) 溶剂是否与检测物质发生相互作用,是否影响检测物质光谱的精细结构,是否改变吸收峰的波长。

(4) 测定非极性化合物,多用环己烷,尤其是芳香类化合物,在环己烷中测定吸收光谱能体现它们的精细结构。测定极性化合物则多用甲醇或乙醇。

6. 吸收光谱仪的设计原理

光谱仪器一般由光源、光路、机械装置、检测器等部分组成。光源一般选用钨灯和氘灯的双灯系统实现紫外到可见光区的全覆盖,其中氘灯覆盖紫外区域,钨灯覆盖可见光区域,如果要扫全谱,则需要进行灯的切换。机械装置覆盖整个仪器,负责灯的切换、光栅的旋转、光路的变换等。检测器处于整个光路的末端,负责将光信号转变为电信号并输入终端处理器中。光路是一个光谱仪功能实现的最重要设计单元,图 5.5 是一种双光束、自动记录式紫外-可见吸收光谱仪的光程原理图。图中可见由光源(钨丝灯和氘灯)发出的光经入口狭缝及反射镜反射后至石英棱镜或光栅，色散后经过出口狭缝得到所需波长的单色光束，然后由反射镜反射至由马达带动的调制板及扇形镜上。当调制板以一定转速旋转时，时而使光束通过，时而挡住光束，因而调制成一定频率的交变光束。之后扇形镜在旋转时，将此交变光束交替地投射到参比溶液(空白溶液)及样品溶液上，后面的光电倍增管接收通过参比溶液和被测样品溶液所减弱的交变光通量，并使之转变为交流信号。此信号经适当放大并用解调器分离及整流后，以电位器自动平衡此两直流信号的比率，并被记录器记录而绘制吸收曲线。现代仪器在主机中装有微处理器或外接计算机，控制仪器操作和处理测量数据，组装有屏幕显示、打印机和绘图仪等。现在主流的科研用吸收光谱仪全部是接入计算机中的，获取的数据可直接显示或使用数据处理软件(如 Origin、Matlab、R 语言等)进行进一步的数据分析。

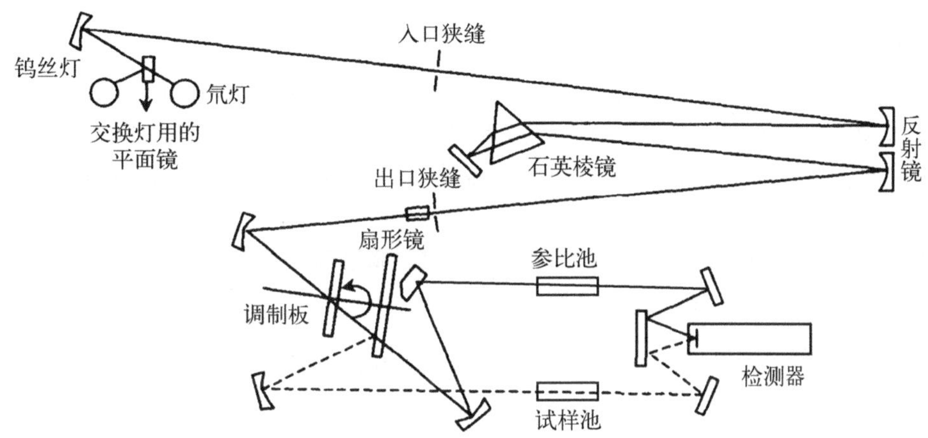

图 5.5 紫外-可见吸收光谱仪计的光程原理图

5.1.2 实验准备

1. 仪器操作的软件设置

本节以瓦里安的 Cary - 300 型吸收光谱仪进行实验前的仪器软件设置介绍。其具体操作规程如下：

(1) 先开电脑，再开机器(防止开电脑时的微电流脉冲对仪器产生影响)。

(2) 开机→点桌面图标→打开后看右上角检测波长显示单元处是否为 800 nm(这是一些版本软件的 bug，如果检测波长显示未到 800 nm，则需关掉软件重新打开)。

(3) 确定仪器正常运行后，进行扫描区间设置。具体操作为：打开“set up”菜单，在区间设置处选择合适的起始和终止波长。选择标准是根据待测物质的吸收带宽度选择略大一些的区间即可。

(4) 基线校准：在两个样品池中放入相同的空白溶剂(或空比色皿)→点击左边[baseline]→点击上方[OK]按钮，开始扫描基线。

(5) 样品测试

① 取出外侧比色皿，放入样品→点击软件上方[zero]按钮进行归零，如果读数单元显示未归零，则再次点击[zero]按钮。一般差异在±0.01 以内的可认为已经归零。

② 正中间上方[start]变绿灯后说明可以开始测试，此时点击[start]→选择(新建)文件夹并保存测试组数据(注意数据文件格式为BSW，这一文件为测试的源文件，仅在同组测试的第一次测试中出现)→在弹出对话框里命名当前测试样品的数据名称(此时的命名为单次测试样品数据名称，每次扫描时均要对当前样品进行命名)→点击[OK]开始扫描。

③ 扫描结束后，在弹出窗口中点击[finish]，则测试组结束。

(6) 保存数据：save Date as→选择csv格式用于后期数据分析。

(7) 关闭机器电源。

(8) 关闭电脑。

2. 样品配制

(1) 液体样品

① 液体样品须清澄、透明，否则会影响测试结果。

② 液体样品需要适合的浓度。浓度过低则得到的信号值过低，测试误差加大。浓度过高时，信号值过大，超出检测阈值，无法准确测量。固体粉末样品也是如此。

③ 溶剂不与样品作用(应避免溶剂与样品形成氢键而产生溶剂效应，对于特殊检测不适用此项规则)。

配制溶液的测试浓度一般为10^{-6}～10^{-4} mol/L。储备液浓度一般为0.01～0.001 mol/L。表5.2列出了一些溶剂在紫外区域透明的极限波长。

表5.2 常用溶剂在紫外区域透明的极限波长

溶　　剂	λ_{max}/nm	溶　　剂	λ_{max}/nm
乙醇，95%	205	甲醇	205
正己烷	205	乙腈	<200
水	200	氯仿	245
环己烷	205		

(2) 固体粉末

如果样品是粉末，需研磨后送样。有两种制样方法，一种是将粉末放入漫反射样品池中(具有一个直径为30 mm左右，深3～5 mm凹穴的塑料或有机玻璃板)，用光滑的平头玻璃棒压紧，将漫反射样品池放在样品窗孔一边即可测量。另一种方法是将粉末样品放入直径为25～30 mm的压模中压成片子。如果样品吸收太强，可用在此波段范围内无吸收的惰性稀释剂，如$BaSO_4$、MgO等进行稀释。如果粉末的颗粒较大，不易压紧，也可加些$BaSO_4$、MgO等。如果样品量少，也可用$BaSO_4$、MgO等将样品池填满压平，再将样品撒在表面轻轻抹平即可测量。

(3) 薄膜

如果样品是具有一定平面的固体，只需将样品放在积分球的样品窗孔一边，在参比窗孔一边放标准白板即可测量漫反射光谱。样品大小至少为2 cm×3 cm。也可以使用固体样品架直接进行测试。

5.1.3 实验内容

本节主要介绍荧光素的吸收光谱与摩尔消光系数测定。

【实验目的】

1. 掌握 UV - Vis 吸收光谱仪的使用方法。
2. 掌握 UV - Vis 吸收光谱的绘制和摩尔吸光系数的计算方法。

【实验原理】

紫外-可见分光光度法是根据物质分子对紫外和可见光区间(200～900 nm)的电磁波的吸收特性所建立起来的一种定性、定量和结构分析方法。

各种分子都有其特征的吸收光谱,即吸光度与摩尔吸光系数随波长的变化而变化的规律。吸收光谱的形状与物质的特征有关,以此进行定性分析。

为了清楚地描述各种物质对紫外区域电磁辐射的选择性吸收的情况,往往需绘制吸收光谱曲线,即吸光度对波长的曲线。在吸收光谱曲线上可以找到最大吸收峰波长。

根据朗伯-比尔定律:

$$A = \varepsilon l c$$

式中 A——吸光度;

ε——摩尔消光系数;

l——光程,cm;

c——摩尔浓度,mol/L。

摩尔消光系数可按下式计算:

$$\varepsilon = \frac{A}{lc}$$

【仪器及试剂】

(1) 紫外-可见吸收光谱仪(瓦里安 Cary - 300);
(2) 微量进样器 50 μL 1 支;
(3) 刻度移液管 2 mL 1 支;
(4) 25 mL 容量瓶 1 只;
(5) 容量瓶 5 mL 5 只;
(6) 荧光素钠 M = 376.28 AR;
(7) 氢氧化钠(NaOH)AR;
(8) 去离子水。

【实验步骤】

(1) 配制 0.1 mol/L NaOH 溶液:取 NaOH 0.4 g,置于 100 mL 容量瓶中,加入去离子水定容。

(2) 配制荧光素钠储备液:称取荧光素钠 9.4 mg,置于 25 mL 容量瓶中,用 0.1 mol/L NaOH 溶液定容,浓度为 1×10^{-3} mol/L 的荧光素钠储备液。

(3) 不同梯度的荧光素钠溶液配制

首先配制 10 μmol/L 浓度的荧光素钠溶液。在 5 mL 容量瓶中加入约 2 mL 0.1 mol/L NaOH 溶液。用 50 μL 微量进样器取 50 μL 荧光素钠储备液,注入容量瓶中,抽提三次,然后用 0.1 mol/L NaOH 溶液定容至刻度线。

配制 5 μmol/L 浓度的荧光素钠溶液。用 2 mL 移液管取 3.1 中 10 μmol/L 浓度的荧光素钠溶液 2.5 mL,移入一只空的 5 mL 容量瓶中,用 0.1 mol/L NaOH 溶液定容至刻度线。

如步骤(2)的方法,依次配制 2.5 μmol/L、1.25 μmol/L、0.625 μmol/L 浓度的荧光素钠溶液。

(4) UV – Vis 光谱测试

依次打开电脑和 Cary – 300 仪器开关,进行机器自检。

点击界面左侧"setup"按钮,在弹出界面中设置扫描区间,开始于 300 nm,终止于 600 nm。点击下方"OK"按钮,完成设置。

扫描基线。在两只石英比色皿中分别加入用 0.1 mol/L NaOH 溶液 2 mL,放入光谱仪样品槽中,关闭舱门。然后点击左侧"baseline"按钮,进行基线的扫描。

样品光谱的获取方法一。将外侧石英比色皿中的 NaOH 溶液倒入废液缸中,用擦镜纸吸取、擦拭比色皿残留溶液。然后首先加入配制的 0.625 μmol/L 浓度荧光素钠溶液。将比色皿再次放入样品室,关闭舱门。点击左侧"zero"按钮后,观察右上方实时吸光度数值完成归零。如未归零,则再次点击"zero"按钮。归零完成后,点击正上方"scan"按钮,开始光谱扫描。

注意:(1) 扫描期间不能打开舱门;(2) 获得光谱数据后及时保存为 BSW 文件。

样品光谱的获取方法二。完成一个样品后,将样品池取出,将样品倒入废液缸中。用擦镜纸吸取、擦拭残留溶液。不用洗涤,直接加入 1.25 μmol/L 浓度荧光素钠溶液。按照步骤(4)进行第二个样品的光谱扫描。注意:一组梯度浓度样品的测试,测试顺序由低浓度到高浓度进行。

(5) 完成所有样品测试后,取出样品。将所需实验数据保存为 CSV 格式。然后依次关闭光谱仪电源和电脑。

(6) 使用 Origin 软件对数据进行绘图处理。

绘制各浓度荧光素钠光谱图。

在图中读取各条光谱中 494 nm(峰值)处的吸光度值,将浓度与对应的吸光度输入 Origin 数据窗口的 x 和 y 轴数列,并绘制散点图。

对获得的散点图进行线性拟合,根据公式 $A=\varepsilon lc$,对于光程为 1 cm 的比色皿,拟合的斜率即为溶液的摩尔消光系数。

【注释】

1. 选用石英比色皿(对于吸收峰在 200～400 nm 的样品,应选用石英比色皿)。

2. 通过上述方法计算的摩尔消光系数较单一溶液获得的摩尔消光系数值更加准确。

3. 还可以通过软件自带的工作曲线插件进行单点的浓度组吸光度测试,该插件可以快速获得某一波长处的吸光度值,并对一组样品的数值快速绘制工作曲线。

【思考题】

影响物质吸收光谱的因素有哪些?

5.2 荧光光谱性能测试实验

5.2.1 基本原理

1. 荧光的产生

荧光的产生涉及光子的吸收(激发)和发射两个过程。

吸收(激发):物质受光照射时,光子的能量如果与物质的前线轨道能级差相匹配,则可能被其基态(S_0)分子所吸收,分子中的价电子跃迁至其激发态。其过程如图5.6中向上的箭头所示,激发过程中,基态电子可能进入不同激发态的任一振动(转动)能级。激发过程即物质吸收光的过程,因此,常见的荧光激发光谱大都与吸收光谱谱图类似。

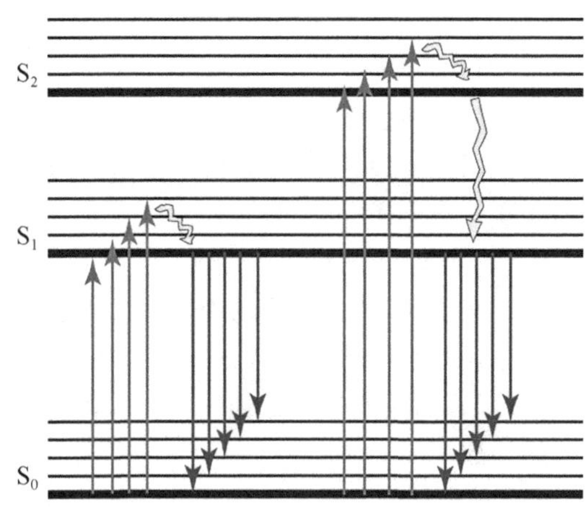

图5.6 简化的Jablonski能级图

发射:进入激发态的物质,其激发态电子迅速通过振动弛豫和内转换过程,衰减至最低激发态(S_1态)的最低振动能级。其过程见图5.6三个空心箭头。激发态电子在该能级能够稳定存在数个至几百纳秒,其间,该电子可能通过辐射或非辐射的方式进一步耗散能量,回到基态。其中发射出一个光子,以辐射方式回到基态被称为荧光(fluorescence)。由于整个过程经历了振动弛豫和内转换过程,所以发射出的荧光波长较吸收光的波长更长、能量更低。

磷光发射:与荧光发光不同,激发态分子还可以通过磷光发射这一辐射过程实现去激化。二者源于不同的电子自旋多重态,磷光发射源于激发态三重态(T_1)电子的辐射去激化过程,而荧光则源于激发态单重态(S_1)电子的辐射去激化过程。

电子自旋状态的多重态:用$2s+1$表示,s是分子中电子自旋量子数的代数和,其数值为0或1。如果分子中全部轨道里的电子都是自旋配对时,即$s=0$,多重态$2s+1=1$,该分子体系便处于单重态。大多数有机物分子的基态是处于单重态的,该状态用“S_0”表示。倘若分子吸收能量后,电子在跃迁过程中不发生自旋方向的变化,这时分子处于激发单重态;如果电子在跃迁过程中伴随着自旋方向的改变,这时分子便具有两个自旋平行(不配对)的电子,即$s=1$,多重态$2s+1=3$,该分子体系便处于激态三重态。用符号S_0、S_1、S_2……表示单重态系组;用符号T_1、T_2……表示激发三重态系组。如图5.7所示。

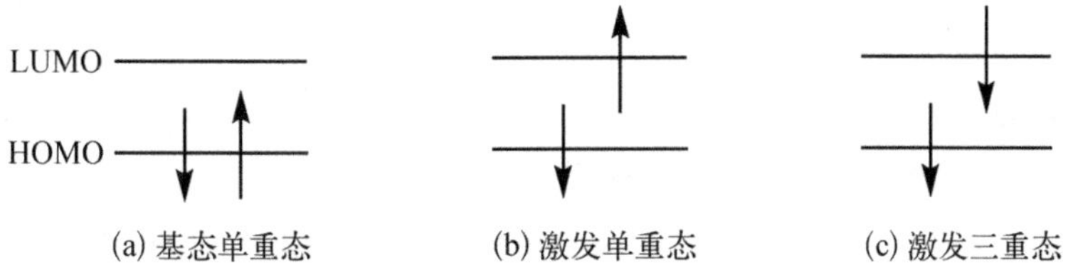

图5.7 单重态及三重态激发示意图

2. 荧光与分子结构的关系

(1) 电子跃迁类型

含有氮、氧、硫杂原子的有机物，如喹啉和芳酮类物质都含有未键合的 n 电子，电子跃迁多为 $n\rightarrow\pi^*$ 型，系间窜越强烈，荧光很弱或不发荧光，易与溶剂生成氢键或质子化，从而强烈地影响它们的发光特征。

不含氮、氧、硫杂原子的有机荧光体多发生 $\pi\rightarrow\pi^*$ 类型的跃迁，这是电子自旋允许的跃迁，摩尔吸收系数大(约为 10^4)，荧光辐射强。

(2) 共轭效应

增加体系的共轭度，荧光效率一般也将增大，并使荧光波长向长波方向移动。共轭效应使荧光增强的原因，主要是增大了荧光物质的摩尔吸光系数，π 电子更容易被激发，产生更多的激发态分子，使荧光增强。

(3) 刚性结构和共平面效应

一般说来，荧光物质的刚性和共平面性增强，可使分子与溶剂或其他溶质分子的相互作用减小，即使外转移能量损失减小，从而有利于荧光的发射。例如：下图为芴与联二苯分子结构，二者的荧光效率分别约为 1.0 和 0.2。这主要是由于亚甲基使芴的刚性和共平面性增大的缘故。

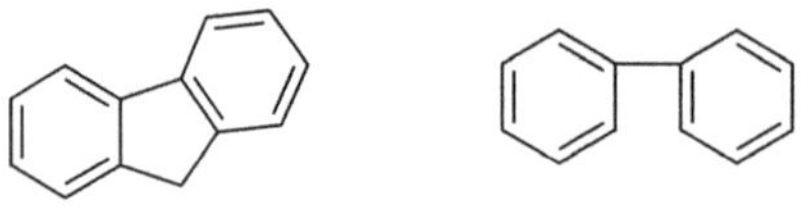

如果分子内取代基之间形成氢键，加强了分子的刚性结构，其荧光强度将增强。例如：水杨酸(结构式见下图)的水溶液，由于分子内氢键的生成，其荧光强度比对(或间)羟基苯甲酸大。

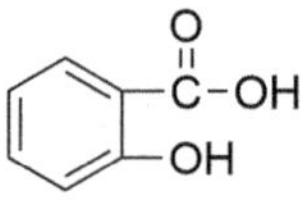

某些荧光体的立体异构现象对它的荧光强度也有显著影响，例如：1,2-二苯乙烯(顺反异构体的结构式见下图)。若其分子结构为反式者，分子空间处于同一平面，顺式者则不处于同一平面，因而反式者呈强荧光，顺式者不发荧光。

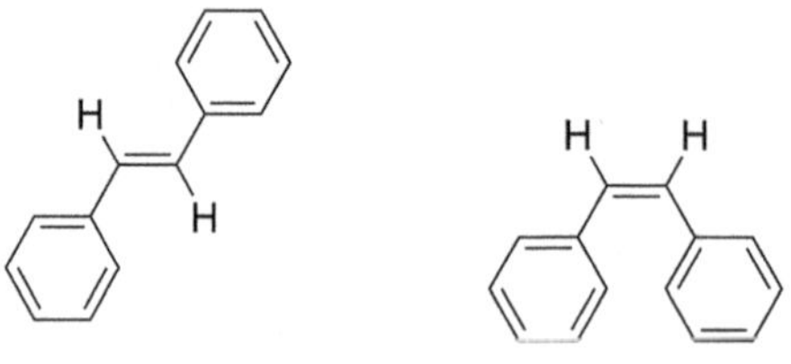

(4) 取代基效应

芳烃和杂环化合物的荧光光谱和荧光强度常随取代基而改变。表 5.3 列出了部分基团对苯的荧光效率和荧光波长的影响。一般说来，给电子取代基如—OH，—NH_2，—OR，—NR_2等能增强荧光，这是由于产生了 p-π 共轭作用，增强了 π 电子的共轭程度，导致荧光增强，荧光波长红移。而吸电子取代基如—NO_2，—COOH，—C═O，卤素等使荧光减弱。这类取代基也都含有π电子，然而其π电子的电子云不与芳环上π电子共平面，不能扩大π电子共轭程度，反而使S_1→T_1系间跨越增强，导致荧光减弱、磷光增强。例如苯胺和苯酚的荧光较苯强，而硝基苯则为非荧光物质。

卤素取代基随卤素相对原子质量的增加，其荧光效率下降，磷光增强。这是由于在卤素重原子中能级交叉现象比较严重，使分子中电子自旋轨道耦合作用加强，使S_1→T_1系间跨越明显增强的缘故，称为重原子效应。

表5.3中给出了苯及其衍生物在乙醇溶液中的荧光性质

表5.3 苯及其衍生物的荧光性质(乙醇溶液)

化合物	分子式	荧光波长/nm	相对荧光强度
苯	C_6H_6	270～310	10
甲苯	$C_6H_5CH_3$	270～320	17
丙苯	$C_6H_5C_3H_7$	270～320	10
氟苯	C_6H_5F	270～320	7
氯苯	C_6H_5Cl	275～345	7
溴苯	C_6H_5Br	290～380	5
碘苯	C_6H_5I	—	0
苯酚	C_6H_5OH	285～365	18
酚氧离子	$C_6H_5O^-$	310～400	10
苯甲醚	$C_6H_5OCH_3$	285～345	20
苯胺	$C_6H_5NH_2$	310～405	20
苯铵离子	$C_6H_5NH_3^+$	—	0
苯甲酸	C_6H_5COOH	310～390	3
苯腈	C_6H_5CN	280～360	20
硝基苯	$C_6H_5NO_2$	—	0

3. 影响荧光强度的外部因素

(1) 溶剂的影响

同一种荧光体在不同的溶剂中，其荧光光谱的位置和强度都可能会有显著的差别。溶剂对荧光强度的影响比较复杂，一般来说，增大溶剂的极性，将使n→π*跃迁的能量增大，π→π*跃迁的能量降低，从而使π→π*跃迁概率增大，样品荧光增强，并带有波长红移的现象。

在含有重原子溶剂如碘乙烷和四溴化碳中，也是由于重原子效应，增加了系间窜跃概率，使荧光减弱。

溶剂黏度减小时，可以增加分子内振动、转动以及溶剂和溶质分子间碰撞概率，使无辐射跃迁概率增加，从而削弱甚至猝灭荧光。由于温度对溶剂的黏度有影响，一般是温度上升，溶剂黏度变小，因此温度上升，黏性溶剂中的荧光团发光强度往往会大幅下降。

(2) 温度的影响

温度对于溶液的荧光强度有着显著的影响。通常，随着温度的降低，溶质与溶剂间的碰撞频率降低，荧光团的荧光量子产率和荧光强度增大。如荧光素钠的乙醇溶液，在0℃以下温度每降低10℃，荧光量子产率约增加3%，冷却至−80℃时，荧光量子产率接近100%。

(3) pH的影响

假如荧光物质是一种弱酸或弱碱，溶液的pH值改变将对荧光强度产生很大的影响。大多数含有酸性或碱性基团的芳香族化合物的荧光光谱，对溶剂的pH值是非常敏感的。其主要原因是体系的pH值变化影响了荧光基团的电荷分布状态，如苯酚和苯酚阴离子相比，阴离子的氧上具有更高的电荷密度，从而产生更强的推电子效应，造成荧光发射光谱的波长和强度变化。

4. 荧光光谱仪光路图

图5.8为荧光光谱仪的结构示意图。由光源发出的激发光，经过激发光单色器进入样品室中，被激发的样品向四周发射出荧光。在另一条垂直光路上收集发射出的荧光信号以最大限度避免激发光带来的干扰。在该光路上，通过一个发光单色器分离出单一波长下的信号通过光电倍增管进行光电信号转换和放大。荧光光谱仪较紫外-可见吸收光谱仪多了一个单色器，因此可以通过固定激发单色器调节发光单色器获得荧光发光光谱，也可以通过固定发光单色器调节激发单色器获得激发光谱。另外，还可以同时调节激发和发射单色器以获得同步荧光光谱。

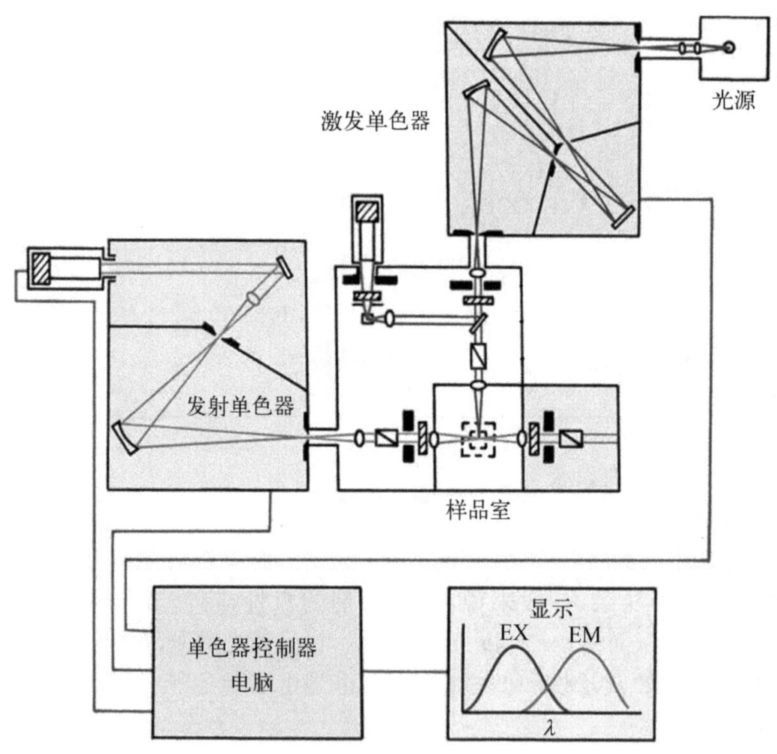

图5.8 荧光光谱仪的结构示意图

5.2.2 实验准备

1. 软件设置

下面以爱丁堡FS-5荧光光谱仪为例，说明软件的设置规程。

1) 初始条件设置

首先打开电脑，然后打开仪器电源开关，待仪器运行声音正常后打开桌面上的仪器软件 Fluoracle。仪器初始化完成后，会自动打开[Signal Rate]界面(图 5.9)，在该界面中可以设置光源、激发发射波长和狭缝宽度，并监测实时的发射、透射光信号。如果机器上一次使用的是氙灯光源，且在关闭时关闭了光源，则首先要关闭[Signal Rate]界面，开启氙灯。具体方法是：从下拉菜单 SETUP 中选择[Xenon set up]，[Lamp Control]选择[on]，然后关闭对话框。氙灯一般开机 20 min 后保持稳定。注意：操作软件直接控制氙灯开关，因此不要频繁地开关软件。

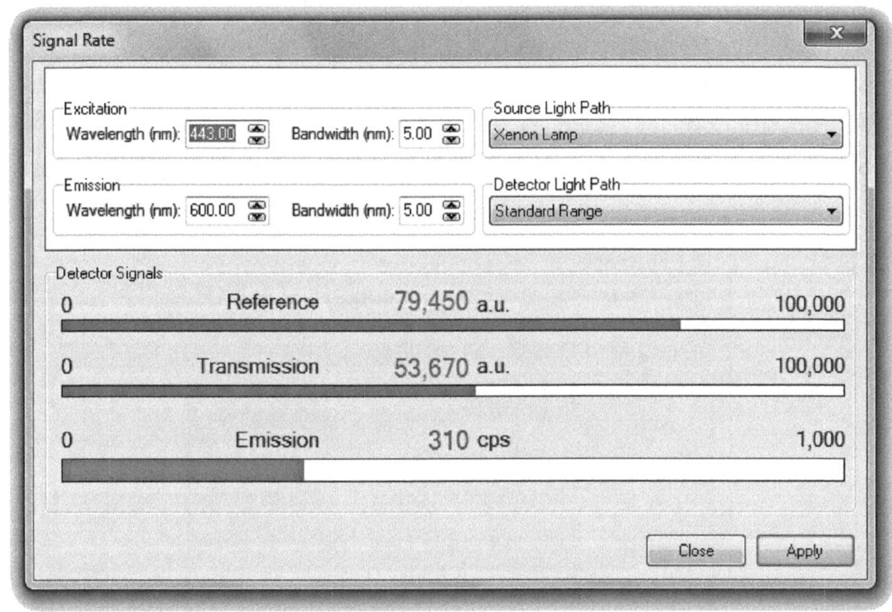

图 5.9　"Signal Rate"对话框

首先确认激发光源。在[Source Light Path]中选择使用的激发光源，可以选择仪器内置的氙灯[Xenon Lamp]。也可以选择自己搭建的激光光源。

选择激发波长和发射波长。此处可以通过对样品的初步观察估设相应数值。观察检测信号处是否出现红色数值报警。如果出现，需要降低光源光强(激光光源)或狭缝。

估算激发波长的方法：

(1) 如果样品在 365 nm 紫外灯下显示出可见的荧光，则可以设置 365 nm 为激发波长；

(2) 将激发波长设为紫外吸收光谱中吸收峰的波长；

(3) 根据类似化合物的参考文献数据。

估算发射波长的方法：

(1) 观察样品的发光，根据发光颜色设置观测波长值；

(2) 根据类似结构的发射波长进行设置。

调节狭缝的方法：在激发[Excitation]和发射[Emission]框中，在后一个选项[Bandwith]中可以设置相应的狭缝大小，一般可在 1～20 nm 范围内进行设置。

狭缝的设置原则是：

(1) 能小就小,狭缝越小,测试波长越精准;

(2) 如果两个狭缝不一样大,激发狭缝选择较大值,发射狭缝选择较小值。例如:可以选择激发/发射狭缝值为 5/10 和 10/5 两种方案,则后一种方案为优选方案。

(3) 以激光作为光源的激发狭缝默认为 0.01 nm,不能更改。

设置完成后,点击 Apply 按钮,检查检测器信号是否报警以及是否符合本次测试要求。如果不符合,修改后重新点击 Apply,直到符合要求。

上述设置优化完成后,退出该设置窗口。

完成初始设置后,可以点击上方"λ"按钮,选择需要的测试方法。本仪器可以进行的测试方法包括发射光谱[Emission Scan]、激发光谱[Excitation Scan]、透射光谱[Transmission Scan]、同步荧光光谱[Synchronous Scan]、发射光谱 mapping[Emission Map]、同步发射光谱 mapping[Synchronous Map]等。

2) 发射光谱测试设置

如图 5.10 所示,点击"λ"按钮,选择发射光谱测试(Emission Scan,快捷键 Ctrl+M)。

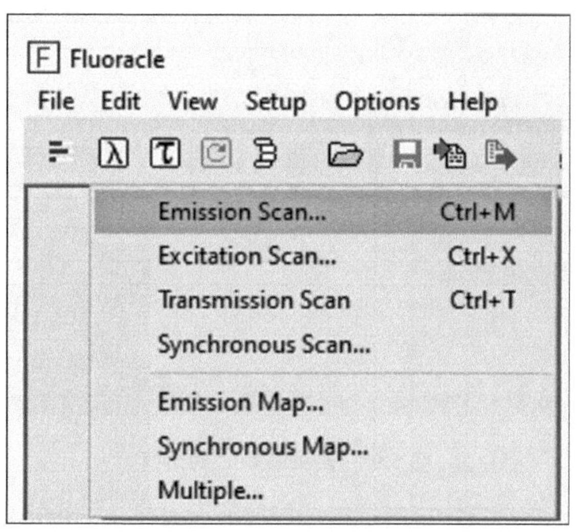

图 5.10 调用发射光谱测试设置对话框

(1) 在弹出的设置选项卡(图 5.11)中,可以在 Correction 选项卡中进行背景扣除以及激发、发射校正。注意:校正前后,光谱峰可能出现多达 50 nm 的移动;在同一系列或者同一课题中,该选项卡的设置应统一;仪器使用硅基 CCD,在红光区(670 nm 以上)灵敏度大幅降低,一般需要勾选发射校正项。

(2) 在 Excitation 选项中可以优化激发波长的设置,不需要回到[Signal Rate]处进行操作。可以通过激发光谱找到最优化的激发光波长,并在此处进行设置。

(3) 在 Emission 菜单中显示当前设置的发射波长,不可更改,如需更改,则需要回到[Signal Rate]处进行操作。

在菜单下方的设置区域中,在[Scan from... to...]处设置起始和终止波长。注意:在扫描发射光谱时,为了避免收集到激发光,起始波长至少要大于激发波长 20 nm,并根据具体的光谱进行调整。如果激发狭缝设置超过 10 nm,建议使用更大的起始波长。

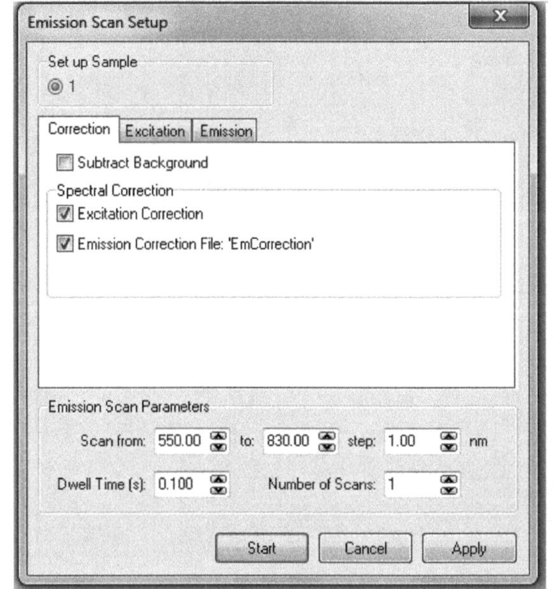

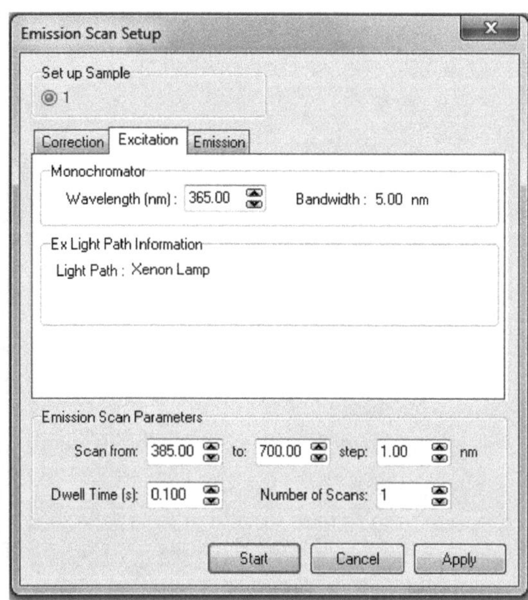

图 5.11　"Emission Scan Setup"对话框

在[Step]处设置扫描的步进，即每隔多少 nm 取一个检测点，对于宽发射峰的有机及配合物发光材料，粗测可以选择 2～5 nm，精细测量一般选择 1 nm，对于发射峰极窄的样品（如稀土发光材料），一般设置 0.1～0.5 nm。

在[Dwell Time]处设置每一个检测点的积分时间，一般设置 0.1～0.5 s，越大表明每个数据点的积分、平均化时间越长，对于荧光弱的物质选择较长的积分时间有助于获得较平滑的光谱。

在[Number of Scans]处设置扫描次数，通常为 1 次，最终的谱图是多次扫描的叠加，用于获取发光较弱的材料的谱图。

(4) 设置完成后，点击[start]，立即开始测试。

(5) 扫描完成后，仪器会自动打开数据文件。数据可以通过"另存为"选项保存为.fs 数据格式（仪器自带格式）作为原始数据备份，然后保存为 ASCII(txt)格式，用于 Origin 作图使用。

3) 激发光谱测试设置

(1) 点击图 5.10 中的"λ"按钮，选择激发光谱测试（Excitation Scan，快捷键 Ctrl+X）。弹出激发光谱设置选项卡，如图 5.12 所示。

(2) [Correction]选项卡设置与发射光谱相同。

(3) [Emission]选项卡处可以直接设置监测点的发射波长。

菜单下方的参数设置如下：

[Scan from...to...]处设置起始和终止波长。因为激发光谱是改变激发光波长检测固定点的荧光强度的光谱，因此，扫描过程中，最大的激发波长需要较发射波长短，参考发射光谱设置，一般终止激发波长要小于监测的发射波长 20 nm。

在[Step]处设置步进，数值参考发射光谱设置。

在[Dwell Time]处设置积分时间，一般设置 0.1～0.5 s，设置值越大表明每个数据点的积分、平均化时间越长，对于荧光弱的物质选择较长的积分时间有助于获得较平滑的光谱。

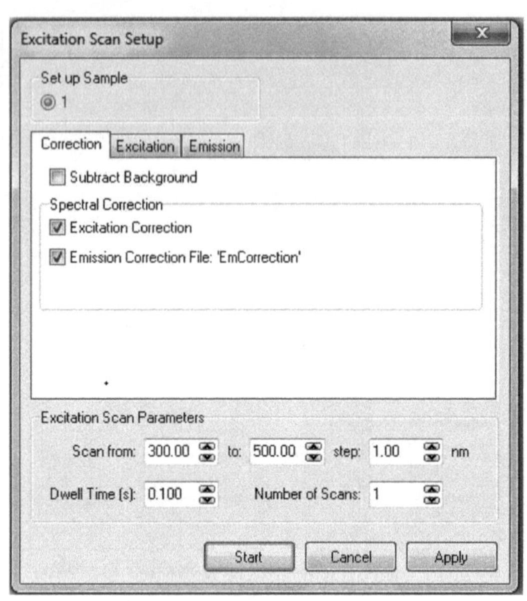

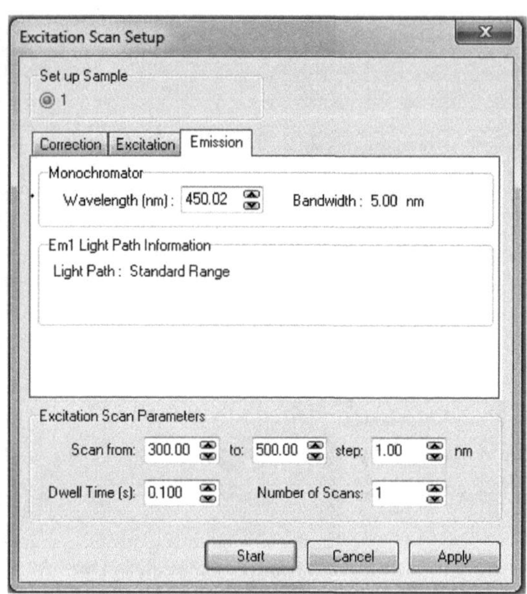

图 5.12 "Excitation Scan Setup"对话框

在[Number of Scans]处设置扫描次数，通常为 1 次，用于获取发光较弱的材料的谱图。

(4) 设置完成后，点击[start]，开始测试。

(5) 扫描完成后，仪器会自动打开数据文件。数据可以通过"另存为"保存为.fs 数据格式(仪器自带格式)作为原始数据备份，然后保存为 ASCII(txt)格式，用于 Origin 作图使用。

4) 同步荧光测试设置

(1) 在图 5.10 中点击"λ"按钮，选择同步光谱测试(Synchronous Scan)。弹出选项卡如图 5.13 所示。

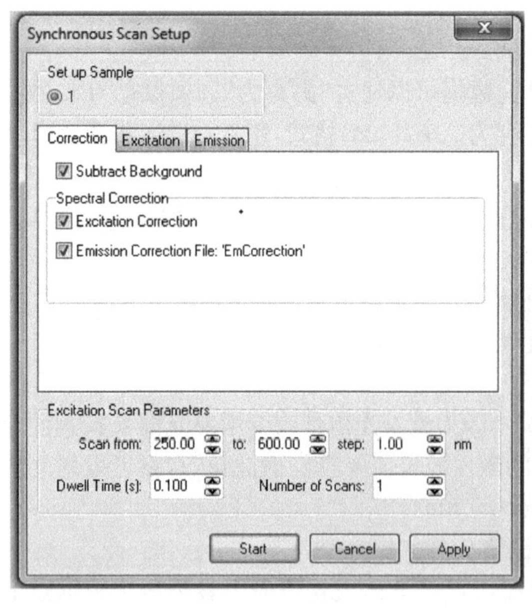

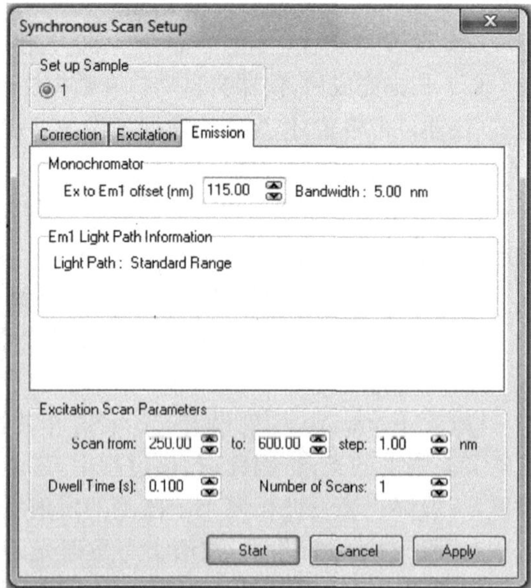

图 5.13 "Synchronous Scan Setup"对话框

(2) [Correction]选项卡设置与发射光谱相同。

(3) 在[Emission]选项卡中进行激发-发射差值设置,这是同步荧光光谱最重要的参数,一般需要进行多次优化以得到所需的荧光光谱。

菜单下方的参数设置如下:

[Scan from...to...]设置激发光的起始和终止波长。对应的发射波长则是该设置的波长数值加上上面[Emission]选项卡中的差值。

[Step]设置步进,设置同发射光谱。

在[Dwell Time]处设置积分时间,一般设置 0.1~0.5 s,设置值越大表明每个数据点的积分、平均化时间越长,对于荧光弱的物质选择较长的积分时间有助于获得较平滑的光谱。

在[Number of Scans]处设置扫描次数,通常为 1 次,用于获取发光较弱的材料的谱图。

(4) 设置完成后,点击[Start],开始测试。

(5) 扫描完成后,仪器会自动打开数据文件。数据可以通过另存保存为.fs 数据格式(仪器自带格式)作为原始数据备份,然后保存为 ASCII(txt)格式,用于 Origin 作图使用。

5) 关闭仪器

首先从软件中关闭氙灯,再退出软件,然后让仪器散热 15 min 后,再关闭仪器电源。

6) CNI 980 nm laser 激光器的使用

首先打开激光器控制盒子电源,再打开钥匙开关,然后再调整电流。

在 Signal Rate 光源选择中选择 External Laser,输入样品的最大发射波长,调节激光器电流和发射单色器狭缝,确保发射信号不报警。

激光器关闭时,先关小电流,然后关钥匙,再关盒子控制器。

7) 固体样品仓的使用注意事项

在关机状态下更换样品仓附件,更换完成后,进入软件后,打开 Signal Rate 界面,激发波长设置为 510 nm 进行对光,打开样品仓盖,可看见有绿色光打到样品上,通过调节样品台对样品位置进行调节。

2. 样品配制

1) 液体样品

(1) 除特殊情况外,溶液样品需要配制成澄清透明的溶液,避免出现散射、自吸收等问题。

(2) 测试过程中,必须穿戴手套、护目镜等安保用品。为安全起见,对于使用挥发性、毒害性试剂的测试,需要增加相应的防护。

(3) 对于大多数荧光化合物来说,均可使用 DMSO 配制储备液。荧光素钠等易溶于水的染料,则可用去离子水或缓冲液配制储备液。部分低极性化合物,则需要进行具体测试以确定使用的储备液溶剂。储备一般也需要在冷藏条件下储藏。易挥发、易变质的溶液需要现配现测。

(4) 液体样品常放在四面带盖(或带旋塞)的石英比色皿中进行测试。

2) 固体样品

固体荧光测试,要求固体为扁平状、薄膜、纸张、粉末或黏稠状的固体状样品,样品大小及形状以可固定在前表面处理附件及配套用样品支架为宜。

(1) 块状固体

① 为了获取尽可能理想的光谱,减小内外表面因素的干扰,最好切成规则形状,并进行抛光。

② 如果要做系列样品特性的对比,应尽量保证尺寸和光洁度统一。

③ 对于与各向异性有关的实验，务必要注意光轴(或 X、Y、Z 轴)位置。

④ 对于有自吸收特性的样品要注意其对测试结果的影响。

(2) 粉体和微晶

① 避免混入滤纸纤维、胶水等杂质，以免其发光对测试结果产生影响。

② 样品应尽量保存在不会引入杂质又防潮避光的样品管(盒)中。

③ 对于强光下不稳定的化合物，测试时应特别注意控制入射光的强度，避免破坏样品。

④ 粉体和微晶样品可夹在石英玻璃片上进行测试。

5.2.3 实验内容

5.2.3.1 (实验一)菁染料荧光发射和激发光谱测定

【实验目的】

1. 了解荧光光谱仪的工作原理、仪器结构和操作。
2. 掌握激发光谱、发射光谱的测定方法，能够熟练进行荧光物质的激发、发射光谱测定。

【实验原理】

五甲川菁染料 Cy5.5 的结构式如下：

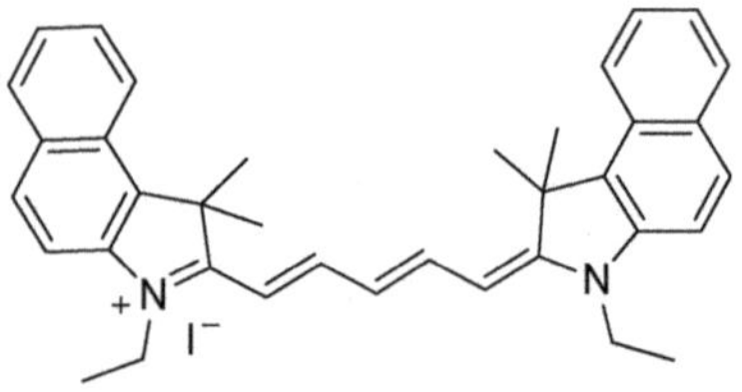

五甲川菁染料 Cy5.5 是一类近红外发光荧光染料，其在甲醇溶液中的最大吸收峰值约在 690 nm，荧光发射峰值约在 700 nm。五甲川菁染料及其衍生物广泛应用于荧光探针和细胞成像领域。

一般将激发波长设置于吸收光谱最大值处获得发射光谱，将发射波长设置于最大发射峰值处获得激发光谱。但是对于类似菁染料的吸收和发射峰值相隔较小(一般 30 nm 以下)的情况，可以适当调节两个波长值，以获得较完整的激发和发射光谱。这一设置原则适用于菁染料、罗丹明、荧光素、BODIPY 等染料。

【仪器及试剂】

(1) 荧光光谱仪：Edinburgh FS－5；

(2) 微量进样器 50 μL 1 支；

(3) 刻度移液管 2 mL 1 支；

(4) 5 mL 容量瓶 1 只；

(5) 五甲川菁染料储备液(1×10^{-3} mol/L，溶于 DMSO 中)；

(6) 二甲基亚砜(DMSO)AR；

(7) 去离子水。

【实验步骤】

(1) 在 1 cm 石英比色皿中，用移液管加入去离子水 1 980 μL，然后再用微量进样器吸取 20 μL 储备液，注射入比色皿中并混合均匀，得到浓度为 1×10^{-5} mol/L 的测试溶液。

(2) 根据5.2.2节中1.软件设置的要求，对光谱仪进行狭缝等参数的设置。

(3) 激发光谱：将发射波长设置为730 nm，激发区间设置为500～710 nm，对激发波长进行扫描，得到激发光谱数据。

(4) 发射光谱：激发光波长设置在660 nm处，扫描发射区间设置为680～800 nm，得到发射光谱图像。

【注释】

1. 注意参数的设置并准确记录到实验记录本中。
2. 狭缝只能在Signal Rate中设置。
3. 对于同一组物质的测定，应该确保激发光谱和发射光谱狭缝宽度一致。

【思考题】

1. 选择不同的激发波长，获得的发射光谱有何不同？
2. 选择不同的发射波长，获得的激发光谱有何不同？

5.2.3.2 (实验二)荧光混合物(荧光素＋罗丹明B)的同步荧光光谱测定

【实验目的】

1. 掌握同步荧光光谱的仪器设置方法。
2. 了解同步荧光分析法的特点。
3. 掌握使用同步荧光区分荧光混合物的实验方法。

【实验原理】

荧光技术灵敏度高，但常规的荧光分析法在实际应用中往往受到限制，对一些复杂混合物的分析常遇到光谱互相重叠、不易分辨的困难，需要预分离且操作烦琐。与常规荧光分析法相比，同步荧光分析法具有简化谱图、提高选择性、减少光散射干扰等特点，尤其适合多组分混合物的分析。同步荧光扫描技术与常用的荧光测定方法最大的区别是同时改变激发和发射两个单色器波长，由测得的荧光强度信号与对应的激发波长(或发射波长)构成光谱图，称为同步荧光光谱。而在常规的荧光测定分析中，则是固定发射或激发波长，而后扫描另一波长，如此获得的是两种基本类型的光谱，即激发光谱和发射光谱。

习惯上所说的同步荧光是恒波长同步荧光。恒波长同步荧光法是在扫描过程中使激发波长和发射波长彼此间保持固定的波长间隔($\Delta\lambda$)。

在同步扫描过程中，$\Delta\lambda$值的选择十分重要，这直接影响到同步荧光光谱的形状、带宽和信号强度。一般来说，选择等于Stokes位移的$\Delta\lambda$值能够获得同步荧光信号最强、半峰宽度最小的同步荧光光谱。

【仪器及试剂】

(1) 荧光光谱仪：FS-5(Edinburgh, Britain)；

(2) 移液枪(0.5～10 μL，100～1 000 μL)；

(3) 50 mL容量瓶2只；

(4) 荧光素储备液(1×10^{-3} mol/L)　　Ex 495 nm Em 519 nm；

(5) 罗丹明B储备液(1×10^{-3} mol/L)　　Ex 555 nm Em 580 nm；

(6) 无水乙醇AR；

(7) 去离子水。

【实验步骤】

(1) 用无水乙醇分别溶解荧光素(17 mg)与罗丹明 B(24 mg),加入 50 mL 容量瓶中,加入无水乙醇定容,配制成浓度为 1×10^{-3} mol/L 的标准溶液即储备液。

(2) 在 1 cm 石英四面比色皿中,加入去离子水 1 960 μL,然后分别吸取 20 μL 荧光素与罗丹明 B 储备液加入上述比色皿中,得到含荧光素和罗丹明 B 浓度均为 1×10^{-5} mol/L 的混合溶液。

(3) 用荧光光谱仪扫描同步荧光光谱。在同步荧光测试对话框的"Emission"选项卡中将"Ex to Em offset"(即 $\Delta\lambda$)选项设置为 25 nm。

【注释】

1. 激发和发射波长选择哪一个化合物,就会出相应化合物的峰。
2. 注意 $\Delta\lambda$ 值的选择,一般选择 Stokes 位移值。

【思考题】

1. 同步荧光光谱扫描有什么优点?
2. 如果几种混合物的 Stokes 位移差异较大,得到的同步荧光光谱有什么特点?

5.2.3.3 (实验三)蛋白质含量的荧光分析

【实验目的】

1. 了解蛋白质与小分子的相互作用。
2. 掌握使用小分子荧光探针检测蛋白质含量的方法。

【实验原理】

蛋白质含量通常采用氨基酸分析法、凯氏定氮法、比色法、紫外分光光度法等进行测定。蛋白质含量的荧光分析法是近年来发展起来的蛋白质含量分析方法,具有灵敏度高、线性范围宽等特点。

转子型荧光分子在不同黏度、亲疏水环境中具有不同的分子内旋转速度,从而影响分子的荧光发射效率。这一特点结合分子与蛋白质疏水空腔的相互作用,可以建立荧光强度与蛋白质浓度之间的数学关系。本实验中,使用具有分子转子特性的荧光探针 DPTPA4,其结构式如下:

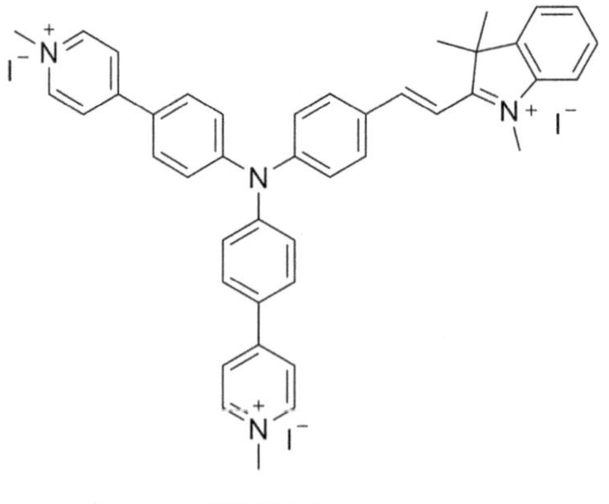

DPTPA4

研究表明,DPTPA4 与牛血清蛋白(BSA)之间的疏水作用会限制 DPTPA4 的分子内转动,使溶液的荧光强度增加,从而实现对 BSA 的定量检测。

【仪器及试剂】

(1) 荧光光谱仪：FS－5(Edinburgh，Britain)；
(2) 移液枪(0.5～10 μL，20～200 μL，100～1 000 μL 各一支)；
(3) 5 mL 容量瓶 1 只；50 mL 容量瓶 1 只；
(4) 磷酸缓冲溶液 PBS(10 mmol/L)；
(5) 牛血清蛋白 BSA(2 mg)；
(6) 小分子荧光探针 DPTPA4(4.97 mg，M 994.542 4)；
(7) 二甲基亚砜(DMSO)AR。

【实验步骤】

(1) 将 DPTPA4(5.0 mg)置于 5 mL 容量瓶中，用分析纯的二甲基亚砜溶解，并定容，配制成浓度为 1×10^{-3} mol/L 的探针储备液。

(2) 用天平称量 10 mg 牛血清蛋白(BSA)并置于 50 mL 容量瓶中，用去离子水溶解并定容，得到溶液浓度为 2 μg/mL 的 BSA 储备液。

(3) 用移液枪分别取 2 000 μL、1 900 μL、1 800 μL、1 700 μL、1 600 μL、1 500 μL、1 400 μL、1 300 μL、1 200 μL、1 100 μL、1 000 μL 的 10 mmol/L 磷酸缓冲溶液(PBS)，分别置于 10 个 1 cm 的四面比色皿中，再分别加入 0 μL、100 μL、200 μL、300 μL、400 μL、500 μL、600 μL、700 μL、800 μL、900 μL、1 000 μL 的 BSA 溶液配成一组 2 mL 的测试溶液，震荡使溶液混合均匀。得到一组浓度分别为 0 μg/mL、0.1 μg/mL、0.2 μg/mL、0.3 μg/mL、0.4 μg/mL、0.5 μg/mL、0.6 μg/mL、0.7 μg/mL、0.8 μg/mL、0.9 μg/mL、1.0 μg/mL 的 BSA 溶液。再分别加入 20 μL DPTPA4 储备液，震荡使溶液混合均匀。

(4) 对测试参数进行优化，其中激发波长设置为 520 nm，通过狭缝调节确保最大浓度(含 10 μmol/L 的 DPTPA4 和 1.0 μg/mL 的 BSA 的测试溶液)下可以准确测试出荧光光谱。

(5) 将盛有上述样品的比色皿依次放入荧光光谱仪样品槽中，依次测定样品的荧光光谱。

(6) 对上述光谱数据进行保存，并导出 txt 文件。

(7) 对数据处理作图：① 将上一步导出的 txt 文件导入 Origin 软件中。以波长为 x 轴，以荧光强度为 y 轴，绘制的二维线图即为荧光光谱图。② 读取上图中 675 nm 处各样品的荧光强度，将其作为 y 轴，以相应的 BSA 浓度为 x 轴绘制的散点图即为“浓度-荧光强度”相关图，并对其线性区间进行拟合，得到的线性方程即为荧光探针的工作曲线。

【思考题】

DPTPA4 与牛血清蛋白 BSA 作用后，DPTPA4 的荧光为什么会增强？

5.2.3.4 (实验四)荧光量子效率的测定

【实验目的】

1. 了解荧光量子效率的定义。

2. 了解荧光量子效率的意义。

3. 掌握荧光量子效率的测定方法。

【实验原理】

荧光量子效率又称荧光量子产额(quantum yield of fluorescence,QY)。

量子产率的测定方法有相对法和绝对法。

(1) 绝对量子效率使用集成于荧光光谱仪上的积分球组件进行测试。

(2) 相对量子产率采用参比法,首先需要选择一个与待测物质吸收和发射性质相近的已知量子效率的物质作为参比物。然后在相同激发条件下,分别测定待测物质和参比物两种稀溶液的荧光积分强度(即校正荧光光谱所包括的面积)和激发波长处的吸光度。再将这些值分别代入特定公式进行计算,就可获得待测物质的荧光量子产率。计算公式如下:

$$Q = Q_r \frac{I}{I_r} \frac{A_r}{A} \frac{n}{n_r}$$

式中,Q、Q_r分别为待测和标样荧光量子效率;I、I_r分别为待测和标样积分强度;A、A_r分别为待测和标样的吸光度;n、n_r分别为溶剂折射率。

(3) 参比物的选择要求:一般采用所选参比物的激发波长作为测定该标准物和待测物发射光谱的激发波长,该标准物的量子产率应为已知,且所选标准物的发射光谱与待测物的发射波长范围基本相近。这样才能尽量减小荧光量子产率的测量误差。常用的参比物和使用条件见表 5.4。

表 5.4 荧光量子产率测量的通用标准列表

标 准 物	量子效率(Q.Y.)/%	测试条件	激发波长/nm
Cy3 三甲川菁染料	4	甲醇	540
Cy5 五甲川菁染料	27	甲醇	620
Cresyl Violet 甲酚紫	53	甲醇	580
Fluorescein 荧光素	95	0.1 mol/L NaOH, 22℃	496
POPOP 1,4-双(5-苯基恶唑)苯	97	环己烷	300
Quinine sulfate 硫酸奎宁	58	0.1 mol/L H_2SO_4, 22℃	350
Rhodamine 101	100	乙醇	450
Rhodamine 6G	95	乙醇	488
Rhodamine B	31	水	514
Tryptophan 色氨酸	13	Water, 20℃	280
L-Tyrosine 酪氨酸	14	Water	275

【仪器及试剂】

(1) 荧光光谱仪：FS－5(Edinburgh，Britain)；
(2) 微量进样器 50 μL 1 支；
(3) 刻度移液管 2 mL 1 支；
(4) 5 mL 容量瓶 1 只；
(5) 菁染料储备液(1×10^{-3} mol/L)；
(6) 二甲基亚砜(DMSO)AR；
(7) 去离子水。

【实验步骤】

(1) 根据实验 5.2.3 节中测得的样品激发光谱与发射光谱，选择与样品的吸收和荧光位于类似波长范围的已知量子产率的荧光染料作为参照物(确定的测试条件下的量子产率，如溶剂、激发波长、温度、染料浓度等)。可参考荧光量子产率测量的通用标准(表 5.4)。

(2) 分别测试同种溶剂中的待测样品和参比染料的紫外吸收光谱(一般在吸光度 $A<0.05$)和荧光光谱。

(3) 根据公式计算荧光量子效率。

【思考题】

测量某荧光物质的荧光量子产率时，如何选择荧光参比标准物质？它的作用是什么？

第三篇

科技绘图与数据处理

第6章　科技绘图与数据处理

本章提要

本章围绕数据处理，介绍3种科技绘图软件，分别为Chemdraw——化学结构式绘制软件、ACD——核磁处理软件和AI——图像处理软件。主要介绍每个软件的工作界面设置、具体功能介绍、数据导入与输出等具体的科技绘图的步骤和方法，结合例子应用于实验数据处理与绘图。此外，最后还列举了3个科研绘图实例，完全切合实际的科研工作。

6.1　化学绘图软件 Chemdraw 的使用

下面以 Chemdraw 20.0 版本为例进行简要介绍，其他版本的操作与其类似。

6.1.1　装置图的绘制

Chemdraw 安装视频

ChemDraw 内置了许多可用于绘图的模板，在 ChemDraw 的模板中除了有常见的化学式的图，还有一些模板是用来绘制实验设备的，通过选择不同的装置并进行大小和位置的调整可以搭建出各种反应装置。

下面以减压蒸馏装置为例对绘制方法进行介绍。

(1) 菜单栏点击【File】→【Open Templates】或者点击【View】→【Templates】(图6.1)即可打开各类模板库。也可以直接选择工具栏 Templates 面板下的【Clipware，part 1】(图6.2)和【Clipware，part 2】(图6.3)选项来选择所需的组件。

(2) 在【Clipware，part 1】中选择加热台、铁架台、蒸馏头、真空接液管和接收瓶；在【Clipware，part 2】中选择冷凝管和温度计。仔细调节各个仪器位置，使它们处于最佳位置，最后将其进行组合。组合效果如图6.4所示。

6.1.2　化学结构式的绘制

一般绘制较多的是有机物的分子结构。但是绘制不同种类有机物所需要的工具和方法有些许不同，现以图6.5所示分子结构式为例对绘制方法进行介绍。

(1) 在主工具栏中选择环工具，在屏幕上选择位置，鼠标拖动调整方向。拖动时要注意双键的位置关系。

(2) 添加键和文字，选择文本工具 A ，单击想取代的原子，出现文本输入框，输入新的

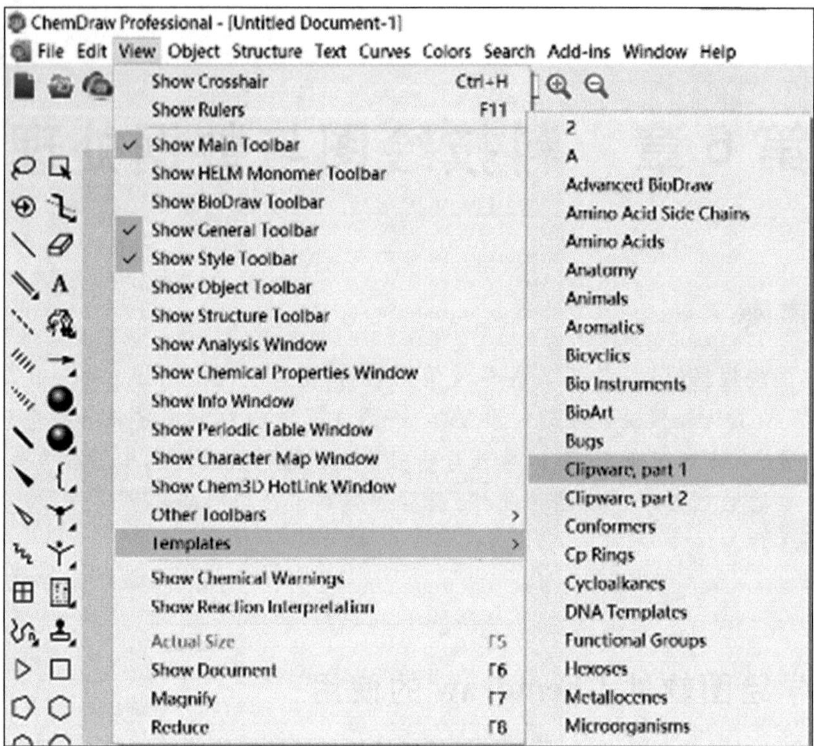

图 6.1　Templates 工具的位置

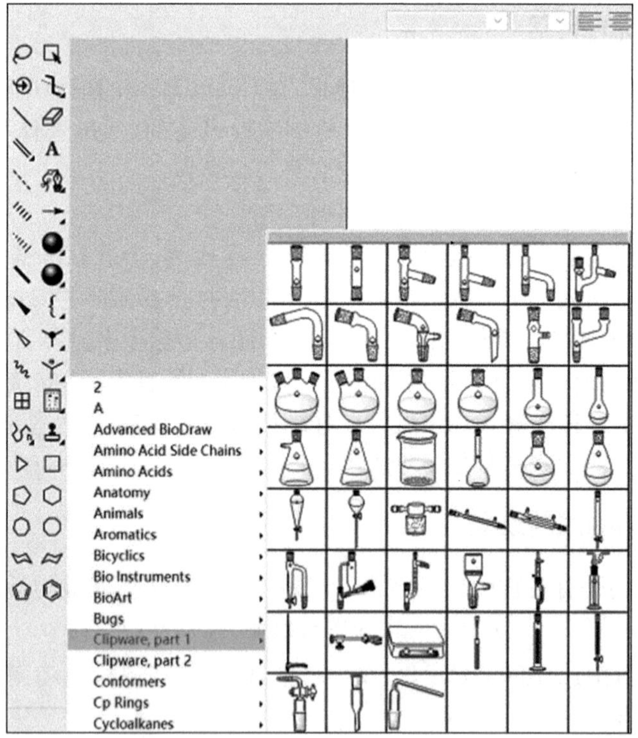

图 6.2　Clipware, part 1 的组件图

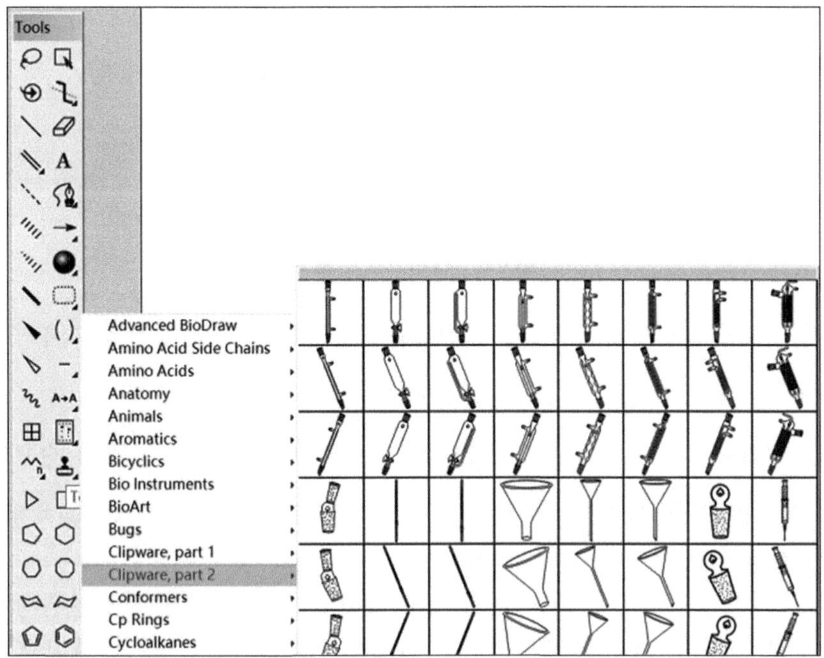

图 6.3　Clipware, part 2 的组件图

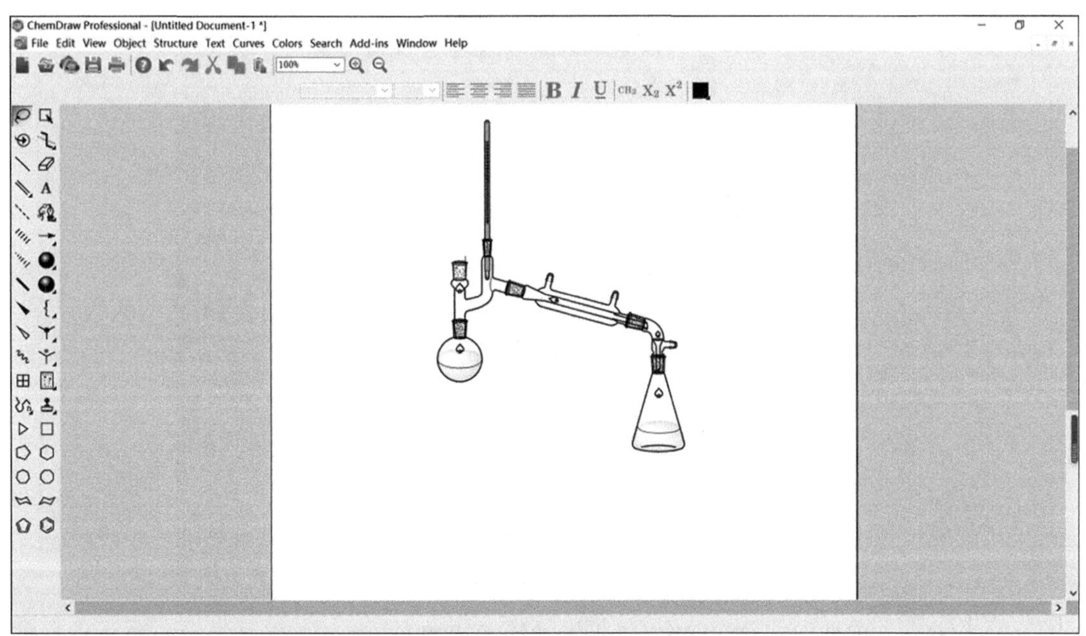

图 6.4　完成版的减压蒸馏装置示意图

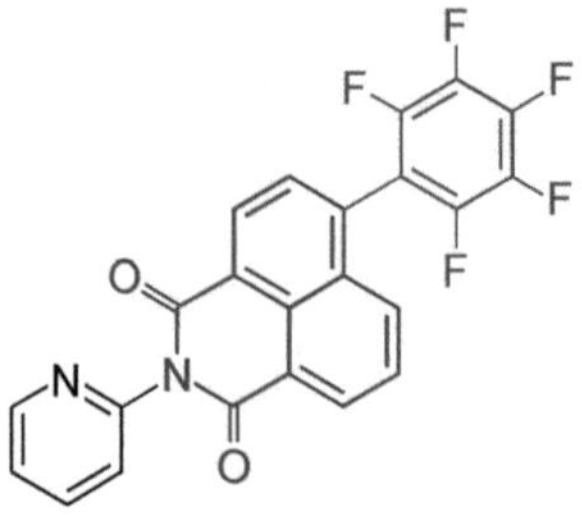

图 6.5　目标分子结构式

元素符号(N)。然后选择单键工具，再用鼠标停放到需要绘制键的地方，单击绘制。

(3) 使用环己烷工具，在工作区点击绘制。

(4) 添加双键和文字，选择文本工具 **A**，输入元素符号(N)，完成碳原子的取代。然后选择双键工具，再用鼠标停放到需要绘制键的地方，单击拖动绘制，输入新的元素符号(O)。

(5) 以相同的方法完成绘制，结果如图 6.6 所示。

(6) 修改结构式样式，对于 TOC 或者 Scheme 中的示意图，有时需要对结构式的样式进行修改以获得更加美观、符合标准的图样。如图 6.6 所示，正文默认线宽 0.035 cm，字体 10 pt，可通过菜单栏点击从【Object】打开【Object Settings】对话框。在【Drawing】框中可对化学键进行调整，包括 Line Width(线宽)等。在【Atom Labels】框中可以修改字体的大小以及选择加粗。更改线宽为 0.061 cm，字体 12 pt 加粗。

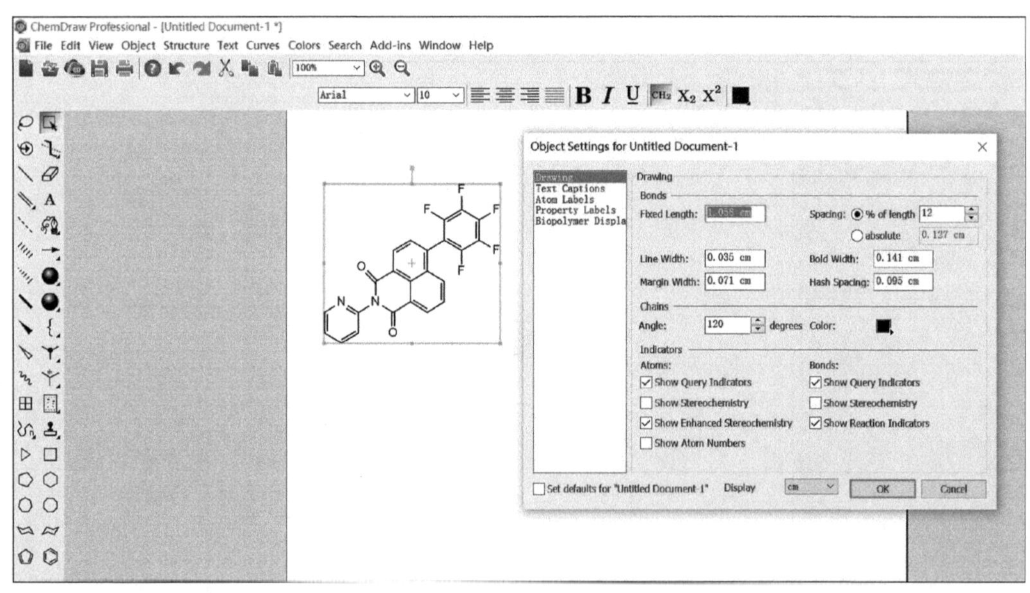

图 6.6　结构样式修改选项卡

(7) 着色：一般情况下，默认绘制的化学结构式为黑色，如果需要对结构的颜色进行更改，可通过选取化合物结构中的相应部位，点击菜单栏【Colors】，然后在出现的菜单栏里面选择需要的颜色(图 6.7)。

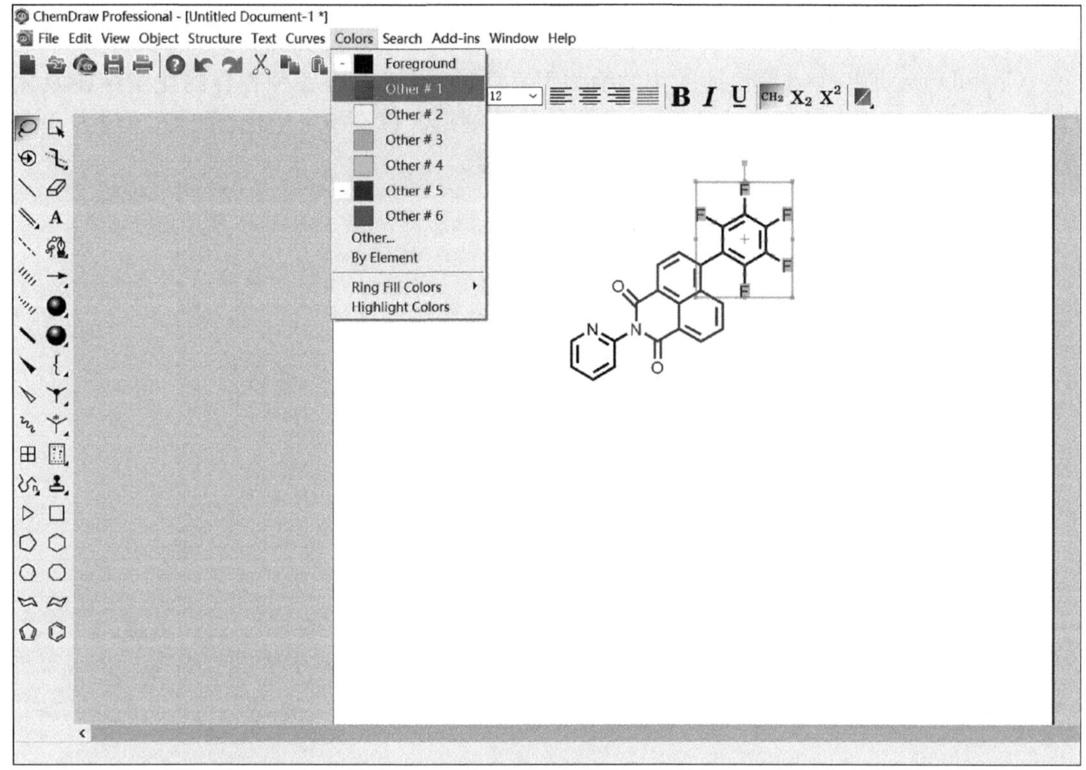

图 6.7　着色面板的调用

最终的绘制效果如图 6.8 所示。

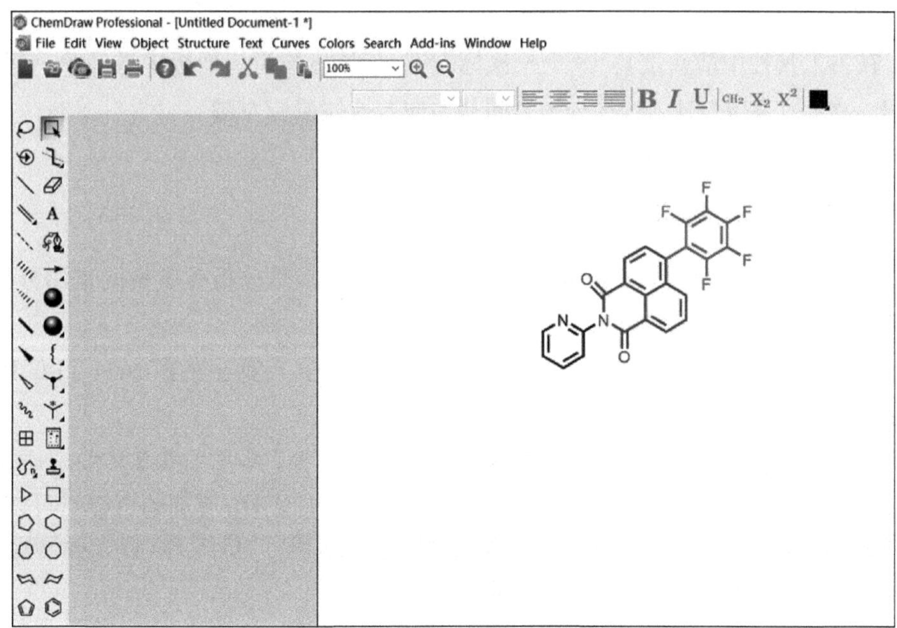

图 6.8　结构式的最终效果

6.1.3 化学反应方程式的绘制

ChemDraw 是一个方便快捷的化学绘图工具，可以迅速画出各种各样的化学结构及化学反应方程式，以及与化学反应方程式有关的其他图形。以图 6.9 给出的化学反应方程式为例讲解 ChemDraw 绘制简单的方程式的具体步骤。

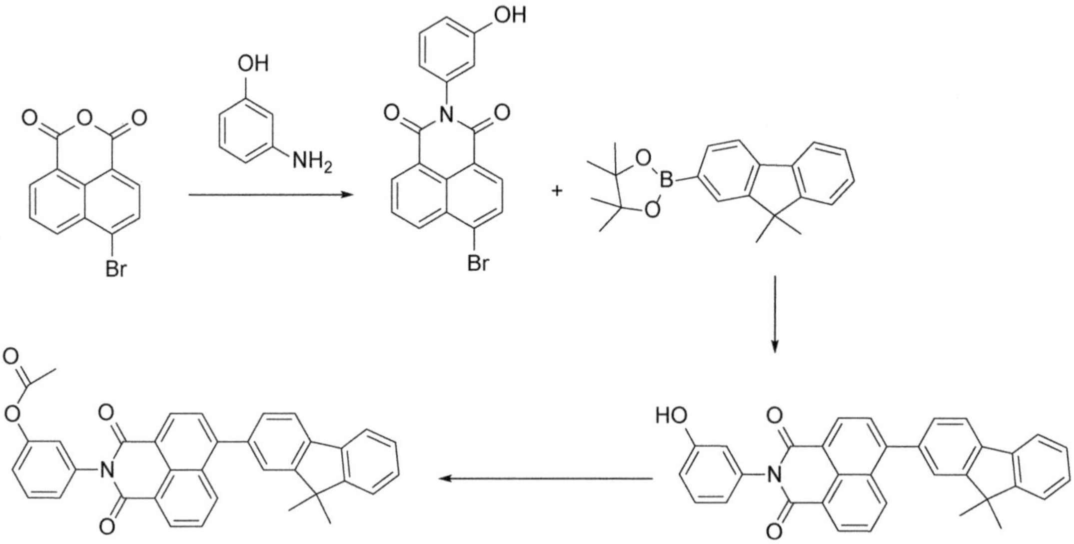

图 6.9 目标的反应方程式

(1) 观察图 6.9 给出的所需书写的方程式，依次在主工具栏中选择环工具、环己烷工具、单键、双键、文本工具 A 进行方程式的书写，并调整方向与大小。

(2) 在主工具栏中箭头工具上按鼠标左键，在弹出的箭头面板中选择第一行第三列箭头符号。选择了箭头工具后，在分子之间从左向右拖拉鼠标左键。

(3) 经过组合书写方程式。

6.1.4 薄层色谱的绘制

薄层色谱，或称薄层层析(thin-layer chromatography)，是分析化学中的常用分析工具。在 ChemDraw 中可以很方便地绘制薄层色谱。

(1) 选择绘制薄层色谱的绘图工具，在绘图区单击，在弹出的【Insert TLC Plate】对话框可输入色谱标记点的数目，如图 6.10 所示。

(2) 右击绘制的 TLC 模板，在弹出的快捷菜单中选择【Add Lane】来横向加点，选择【Add Spot】来纵向加点；通过这两种方式可在色谱图中添加点样；所加的色谱点可以有多种形式，在绘图区右击，可以改变点的形状、空心和实心；选择 TLC 图片，将光标移动至边框上，可以调整 TLC 图的长、宽。具体内容如图 6.11 所示。

(3) 通过按住 Ctrl 拖动鼠标左键可在同一垂直线上增加点，按住 Shift 拖动鼠标左键可改变点的形状，鼠标右键可以设置 Rf 值、颜色。具体操作如图 6.12 所示。

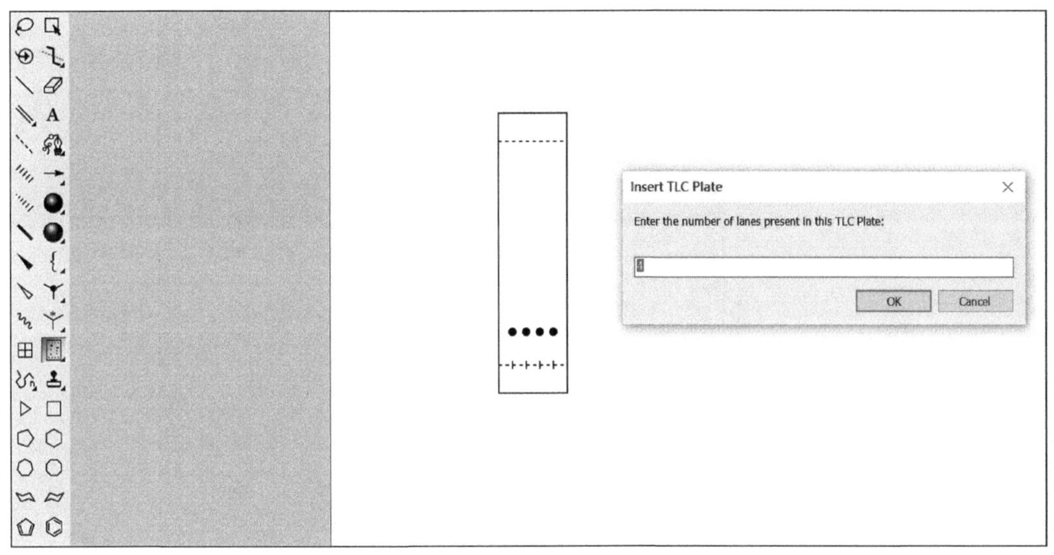

图 6.10　薄层色谱样品点数目设置

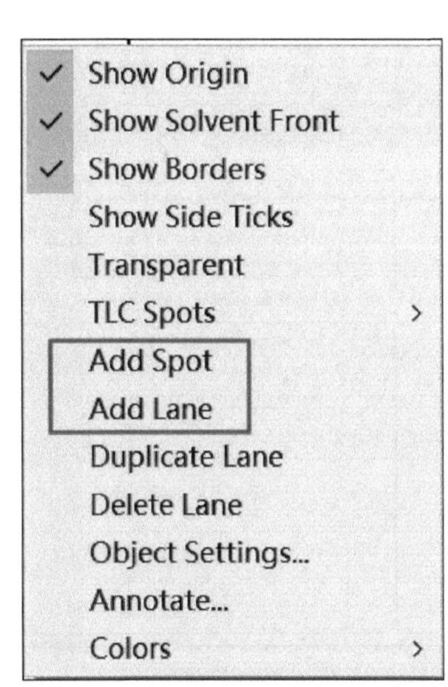

图 6.11　TLC 图的内容修改面板示意图

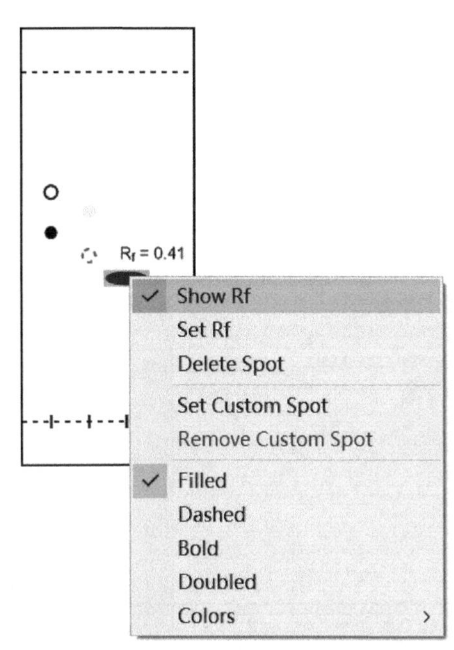

图 6.12　TLC 示意图的优化

6.2　核磁软件 ACD/Labs 的使用

ACD 安装视频

本节主要介绍核磁氢谱数据处理。

(1) 打开软件界面，导入 pdata 文件夹中的 1r 文件。如图 6.13、图 6.14 所示。

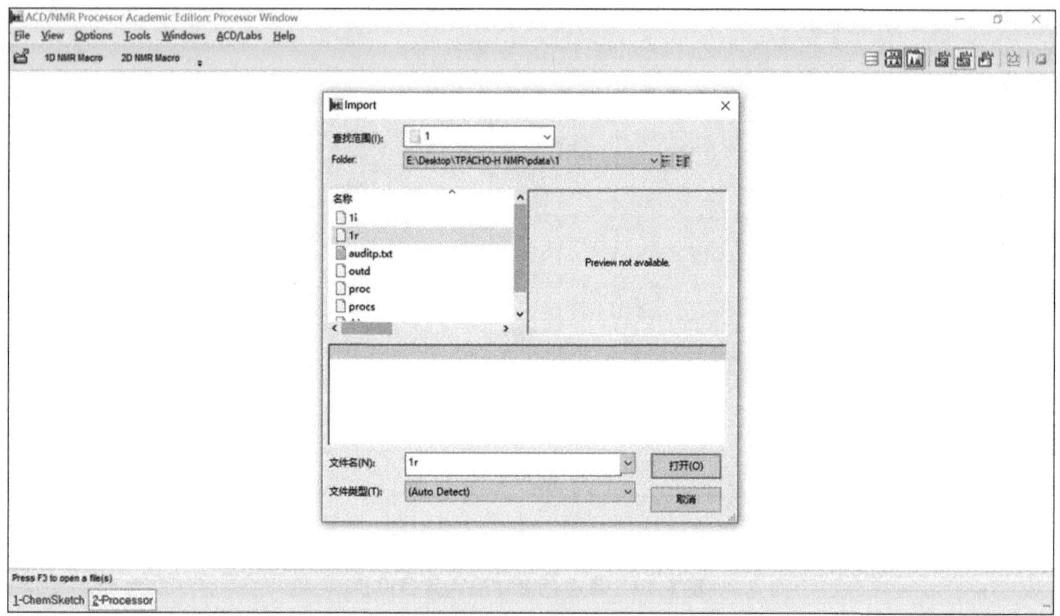

图 6.13　打开 1r 文件

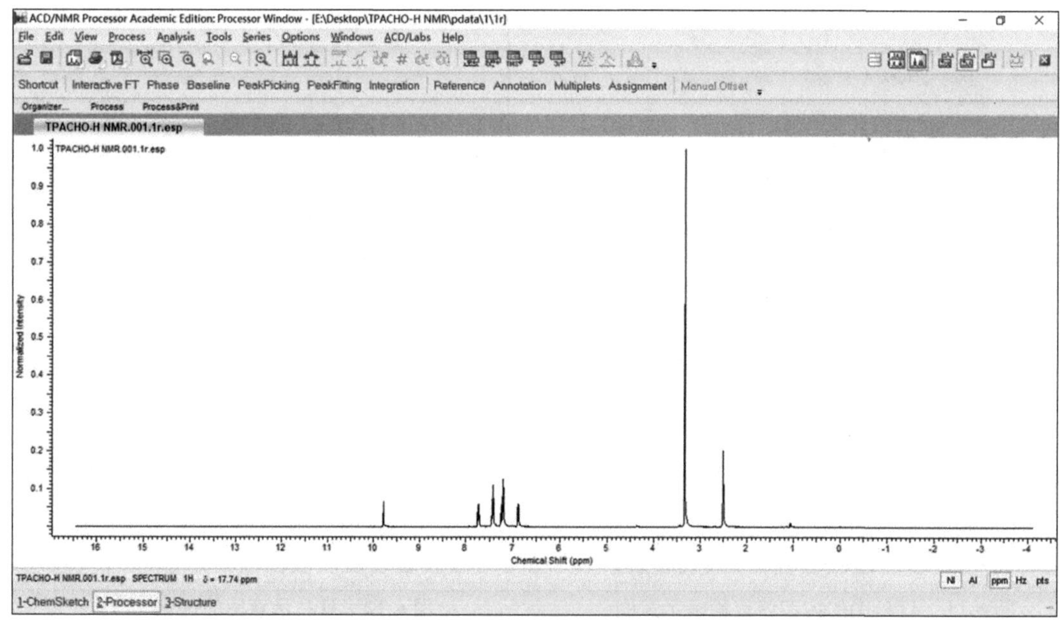

图 6.14　打开文件后显示的原始谱图

(2) 左键选择【Options】→【Preferences】，依次对核磁谱图的坐标、位置、字体、颜色等外观进行修改。一般仅需设置字号为 10 pt 即可。

(3) 标峰：点击左上角 Shortcut 功能键，一键转换并找出谱图里包含的溶剂峰。点击 PeakPicking → Auto Peak Level Peak by Peak，标出信号峰的位置。左键选择【Options】→【Preferences】，点击【Peaks】→【Position】设置调整标注峰的位置。最终效果如图 6.15 所示。

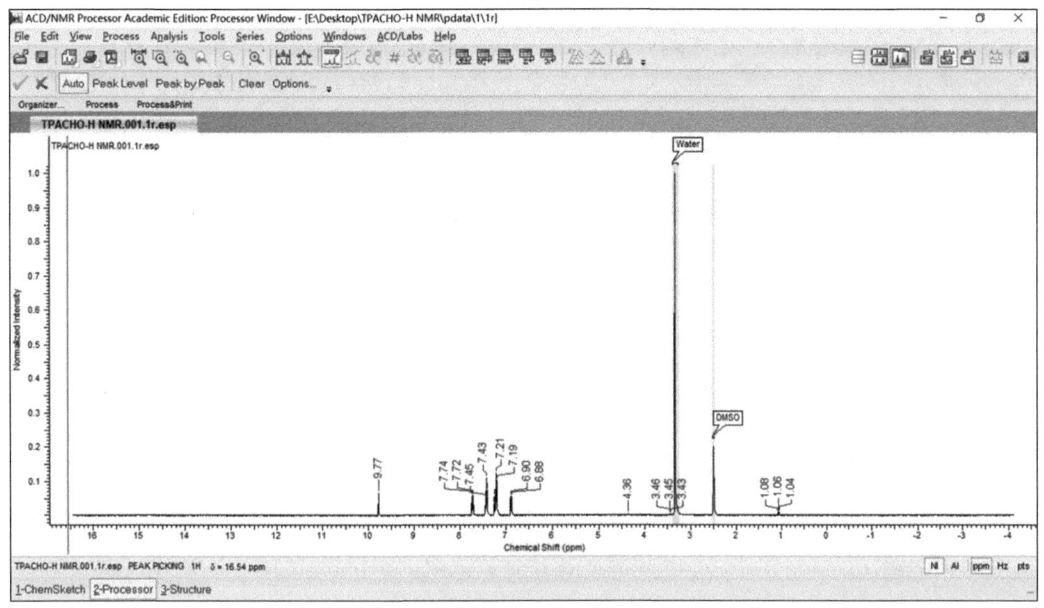

图 6.15　标峰后的谱图效果

（4）积分：点击 Integration → ✓ ✗ Auto Manual Bias Corr. Delete Clear Options... 选择手动积分。积分完成后的谱图效果如图 6.16 所示。

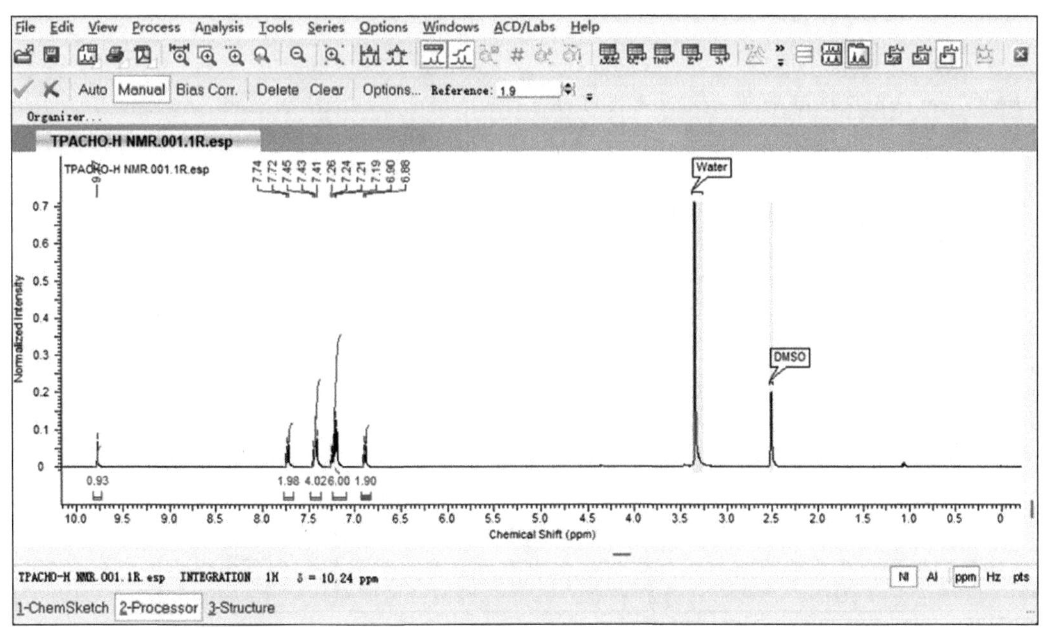

图 6.16　积分完成后的谱图效果

（5）耦合：点击 Multiplets → ✓ ✗ Auto J-Coupler Auto Connect Manual Connect 借助拖动放大功能，将关键核磁峰位置的区域放大，计算分析信号峰的耦合裂分和耦合常数。耦合常数计算完成后的谱图效果如图 6.17 所示。

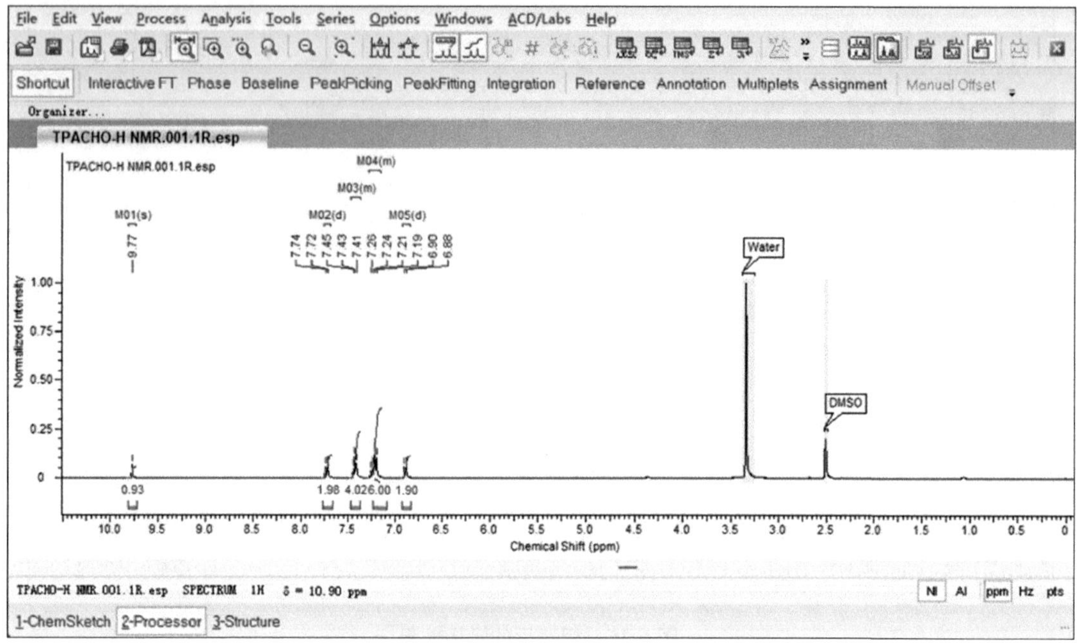

图 6.17　耦合常数计算完成后的谱图效果

(6) 生成报告：点击[按钮图标]按钮，弹出"Report Page Setup"界面设置报表内容。设置完成后点击"OK"按钮，即得到报告(图 6.18)。

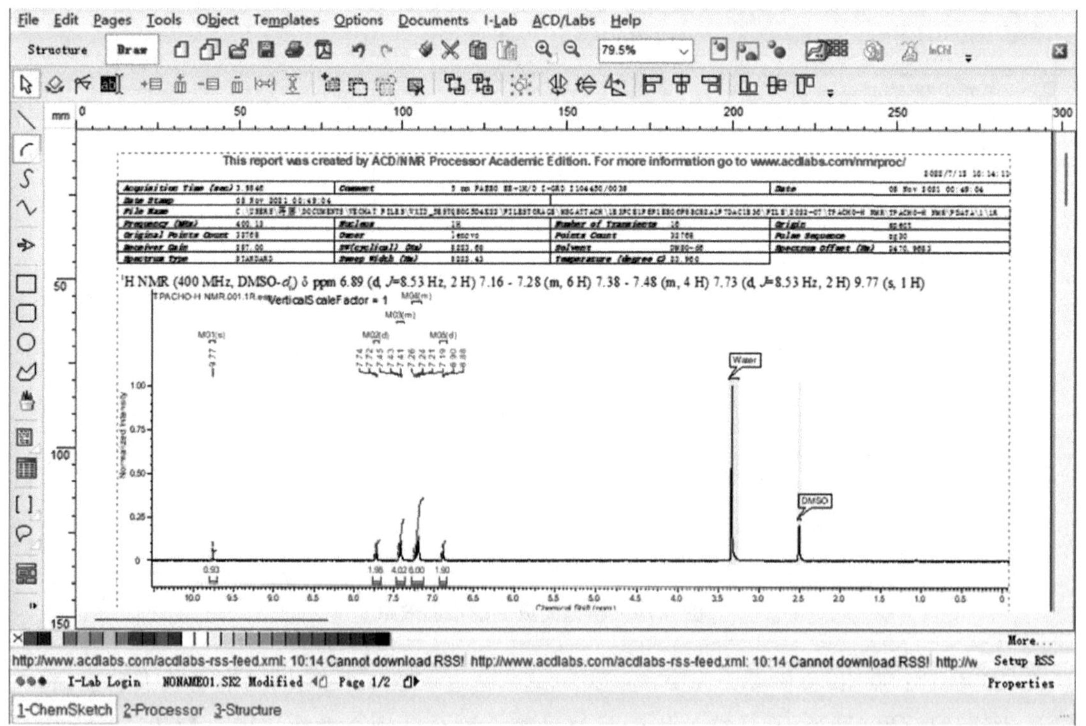

图 6.18　最终报告效果图

(7) 导出：点击上方 pdf 按钮即可导出.pdf 格式的报告文本。此外，还可以直接对图片进行复制粘贴或者通过打印的方式得到图片格式的报告。

6.3　图像处理软件 AI 对科学图像进行优化

6.3.1　实例 1——用 AI 优化 Origin 导出图片的质量

AI 安装视频

Origin 是科研工作者最常用的数据处理软件之一。然而，在后期论文编辑过程中，其图表难以满足实际的需要，因此需要借助一些矢量绘图软件对其修饰。下面以 Origin 中绘制的红外光谱图为例进行简要介绍。

(1) 将在 Origin 中画出的图片保存为".eps"格式文件并将该文件导入 Illustrator 中进行美化，如图 6.19 所示。

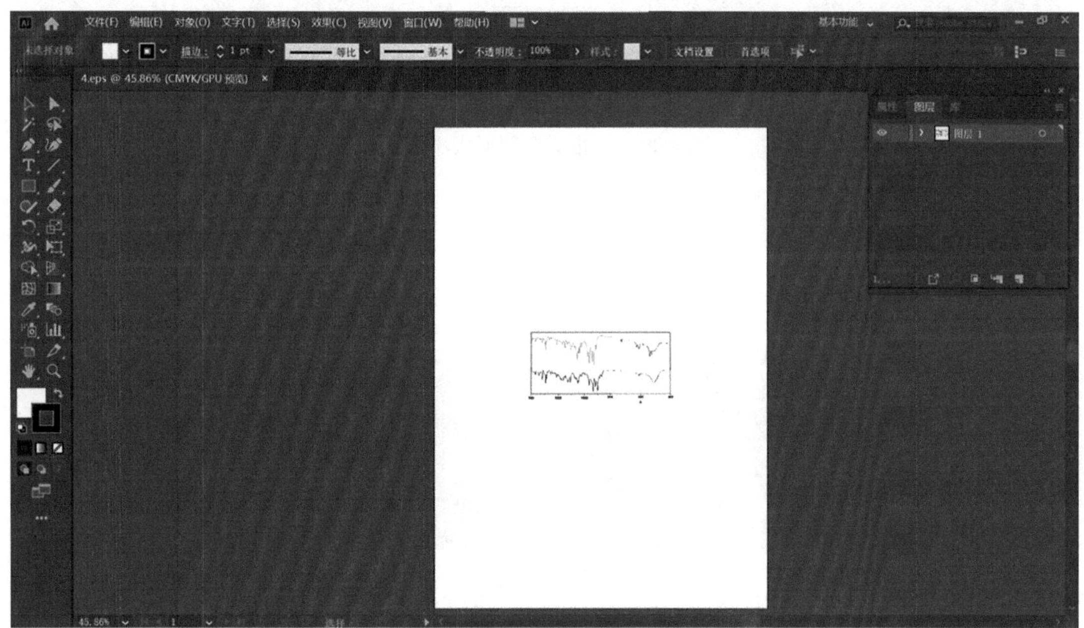

图 6.19　将 Origin 图片导入 AI

(2) 选择菜单栏中【对象】→【画板】→【适合图稿边界】使得画布适合图形大小，结果如图 6.20 所示。

(3) 通过鼠标右键点击【取消编组】实现单独编辑。然后点击左侧工具栏的选择工具 ，将线条和边框粗细改为 1 pt，横坐标字体及大小改为 Arial 和 10 pt，并重新调整画布大小，结果如图 6.21 所示。

(4) 鼠标移到属性栏描边的下拉按钮，点击【色板库菜单】→【科学】→【四色组合】调出自己想要的颜色，使用工具栏中的选择工具，选中线条，点击所选颜色即可，结果如图 6.22 所示。

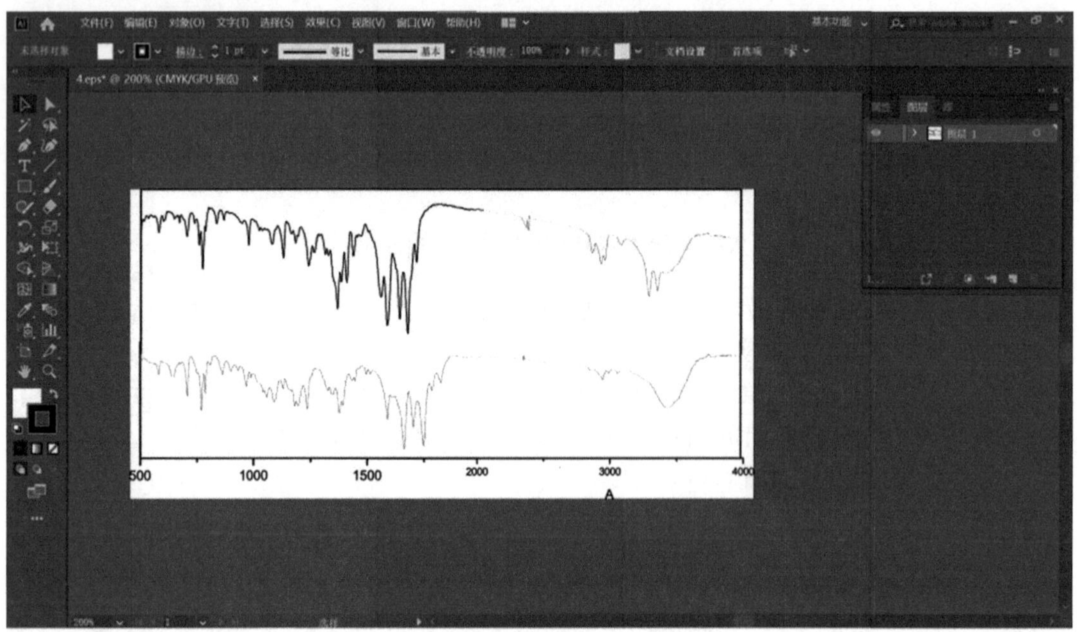

图 6.20　画布适合图形大小结果

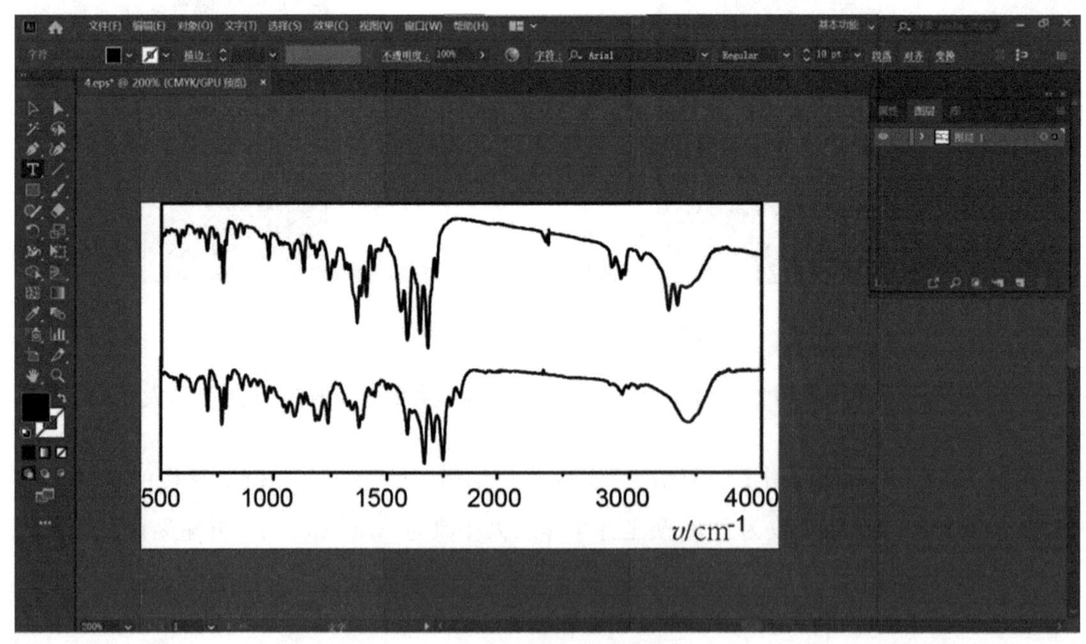

图 6.21　调整坐标轴

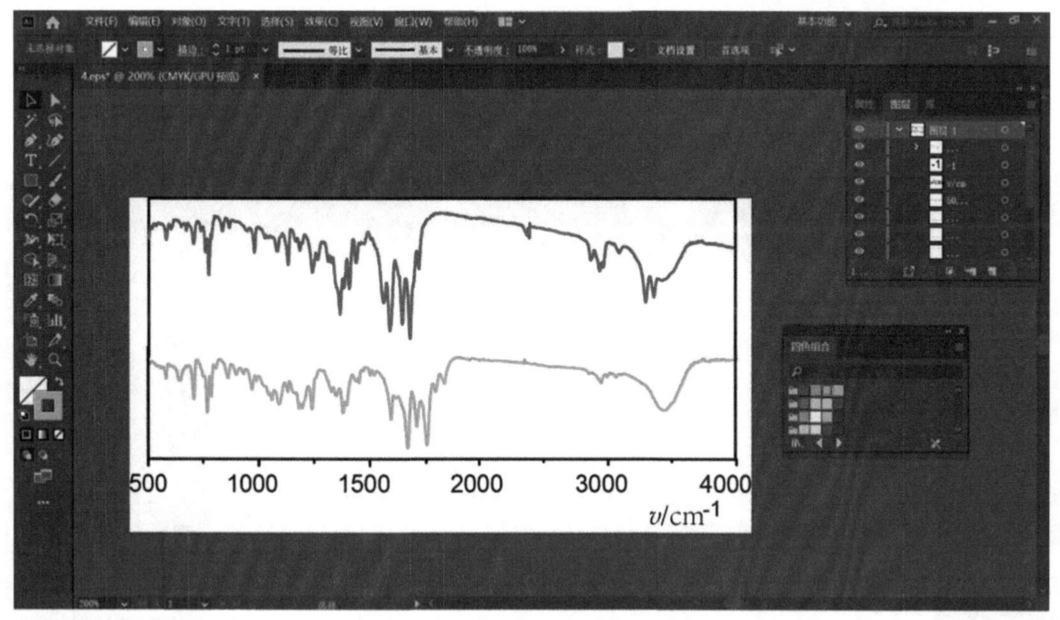

图 6.22　修改线条颜色

（5）最后在菜单栏选择【文件】→【导出】，导出图片为需要的格式，如保存为 TIF 格式，最后单击确定。

6.3.2　实例 2——TOC 饼状图的绘制

（1）在 AI 中用 Ctrl+N 来创建一个新文档，选择椭圆工具，按住 Shift 键拖拽，绘制出圆形，如图 6.23 所示。

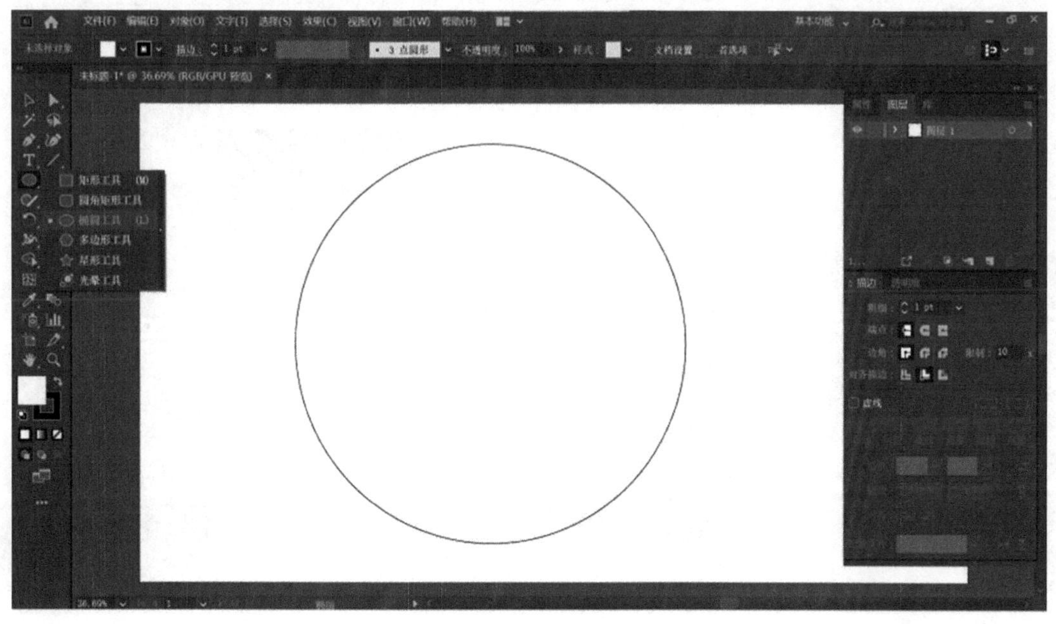

图 6.23　绘制一个圆形

(2) 按快捷键 Ctrl+C 后，按下 Ctrl+F 将复制的图层粘贴在当前图层的前面，选择前端的圆，按住 Shift+Alt，拖拽绘制出一个较小的圆。重复该操作，再绘制一个更小的圆，如图 6.24 所示。

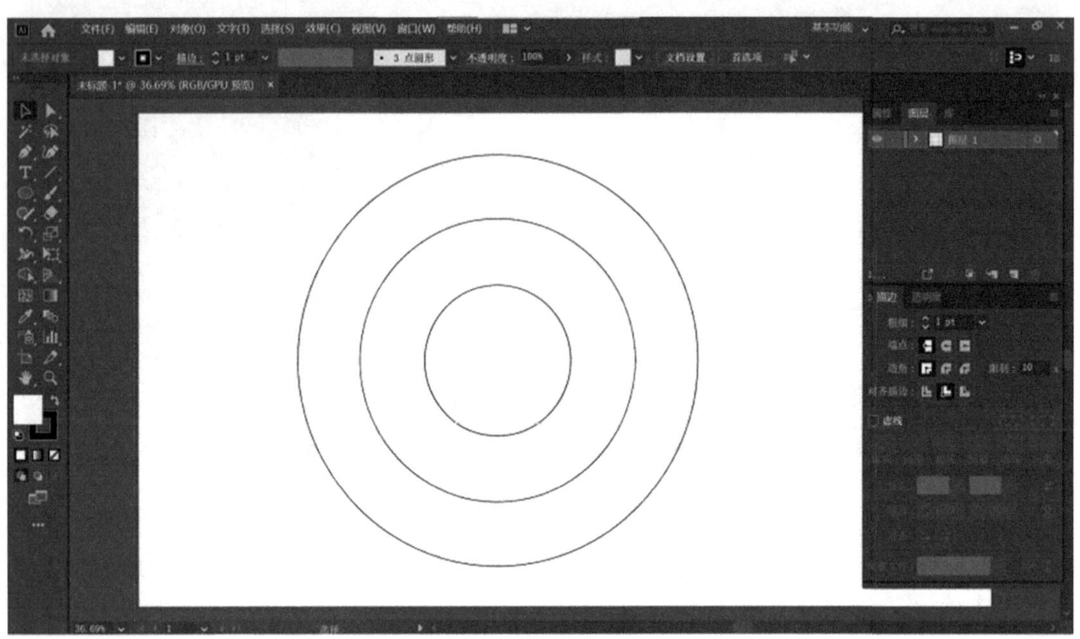

图 6.24　同心圆的绘制

(3) 利用右上方“色板”面板对三个圆进行上色，得到如图 6.25 所示效果。

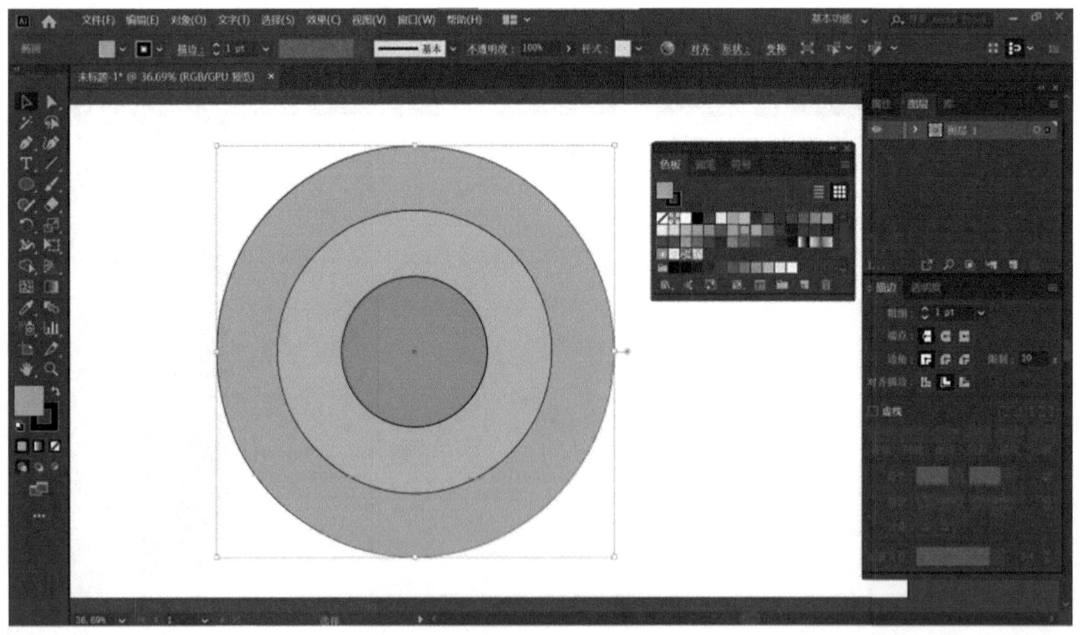

图 6.25　给三个同心圆上色

(4) 利用直线段工具绘制一条直线段,并复制直线段,右键选择【变换】→【旋转】,构建如图 6.26 所示图形。

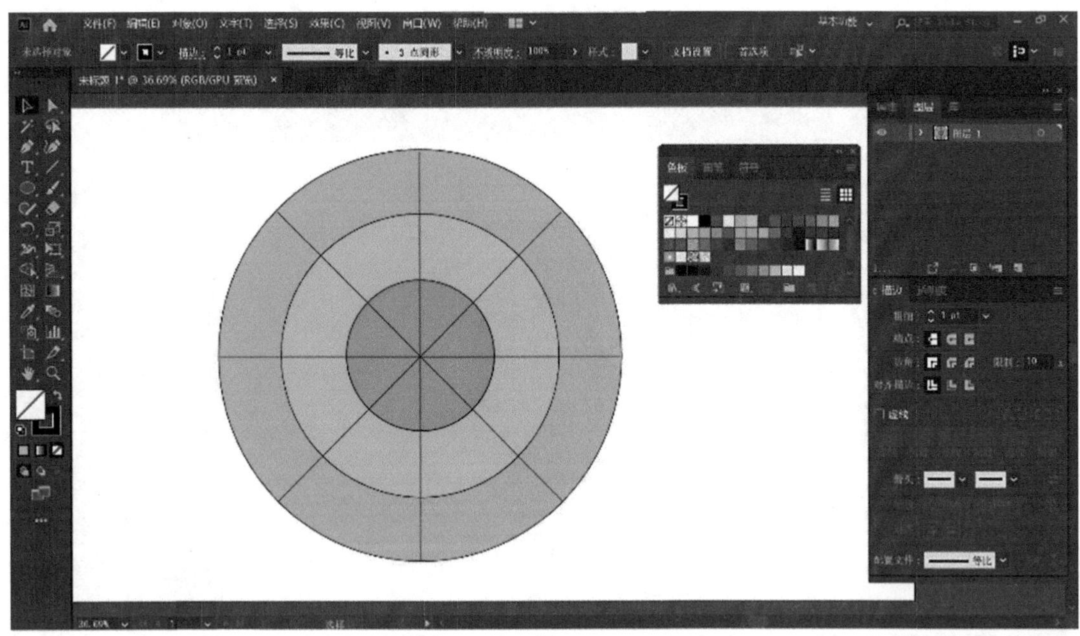

图 6.26　绘制线段均分同心圆

(5) 在"图层"窗口中设置合适的图层位置,如图 6.27 所示。

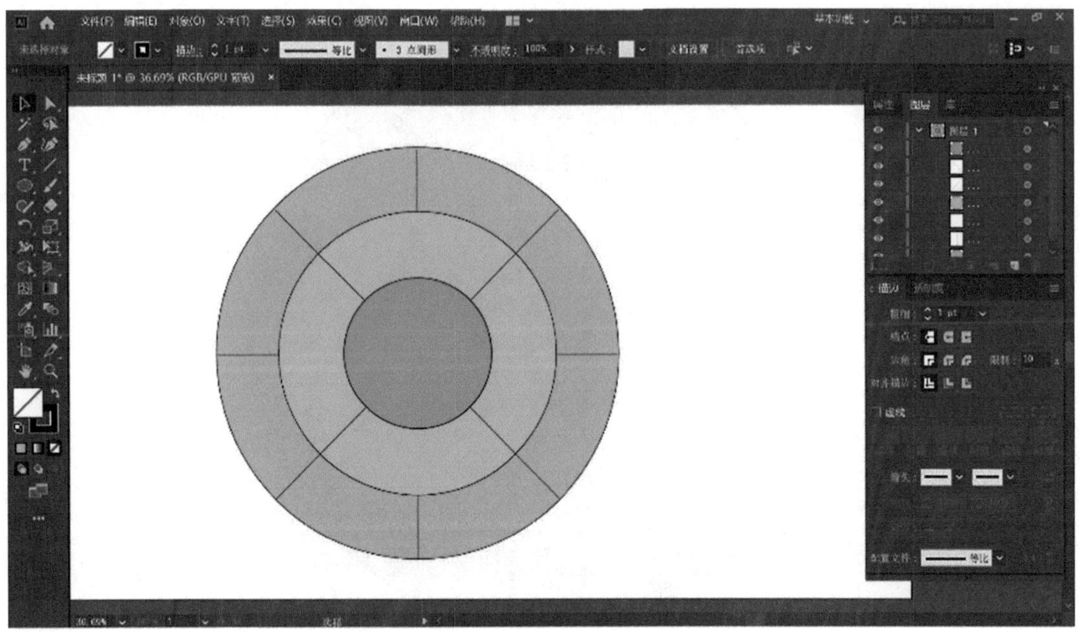

图 6.27　调整图层位置

(6) 选择并复制最大的圆，按住 Shift+Alt，拖拽出需要在最大的圆上写字的位置。然后在左侧工具栏中选择【路径文字工具】，点击刚制作的圆，并输入需要的文字，效果如图 6.28 所示。

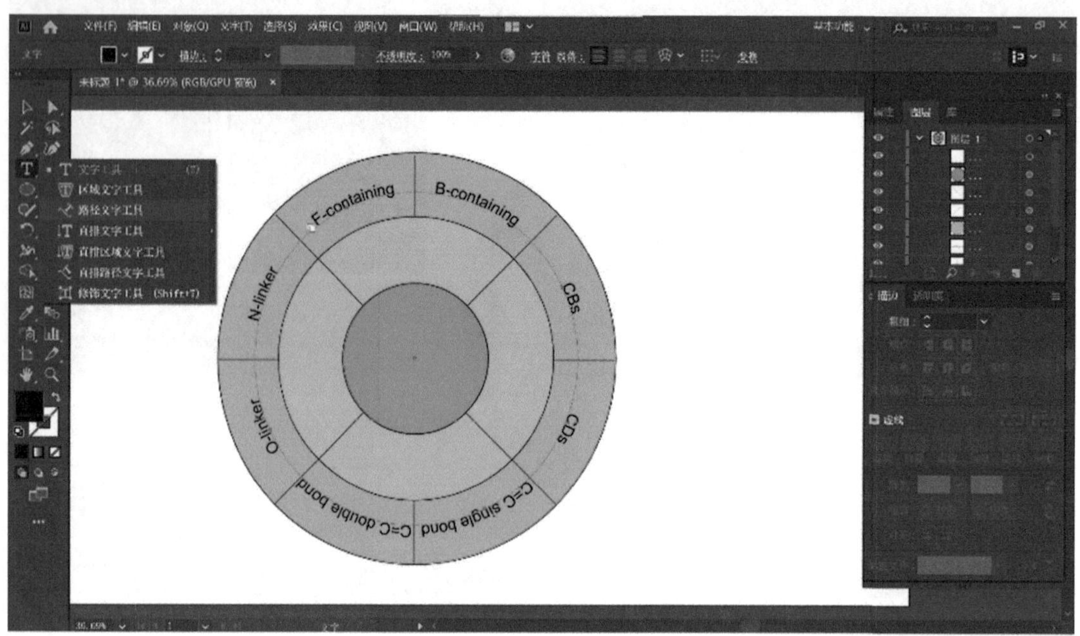

图 6.28　路径文字的处理

(7) 重复上述的操作输入其他文字，得到最终效果图(图 6.29)。

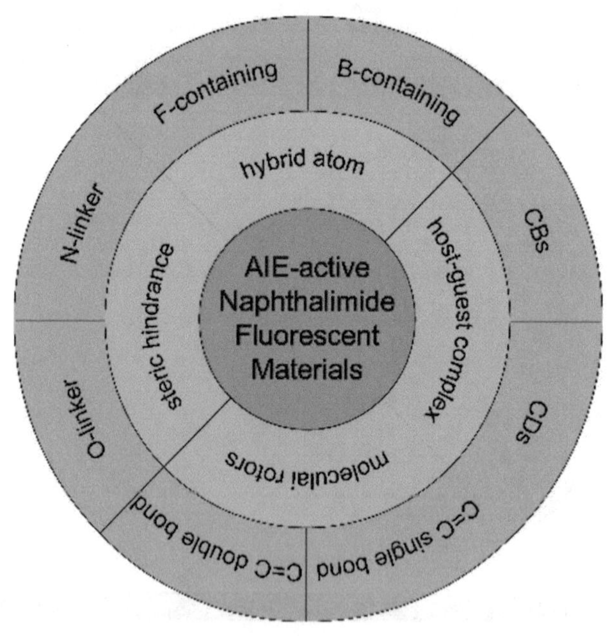

图 6.29　最终效果图

6.3.3　实例 3——细胞信号通路图的绘制

(1) 在 Chemdraw 里绘制需要的结构式(图 6.30),将其保存为“.eps”格式文件。将该“.eps”文件导入 AI 中,选择菜单栏中【对象】→【画板】→【适合图稿边界】使得画布适合图形大小,效果如图 6.31 所示。

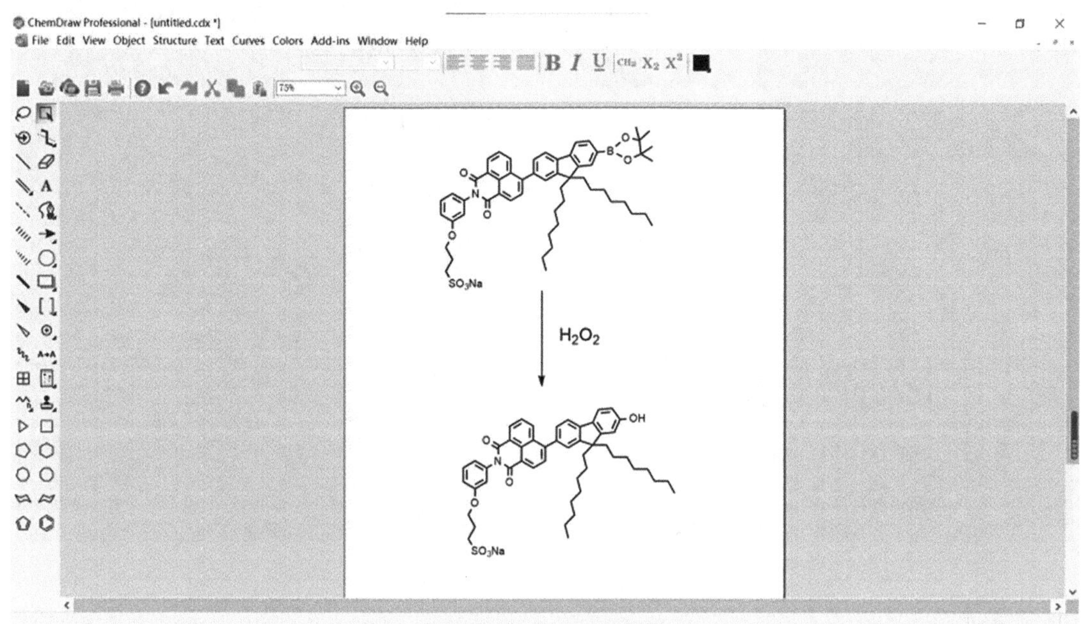

图 6.30　在 Chemdraw 里绘制需要的结构式

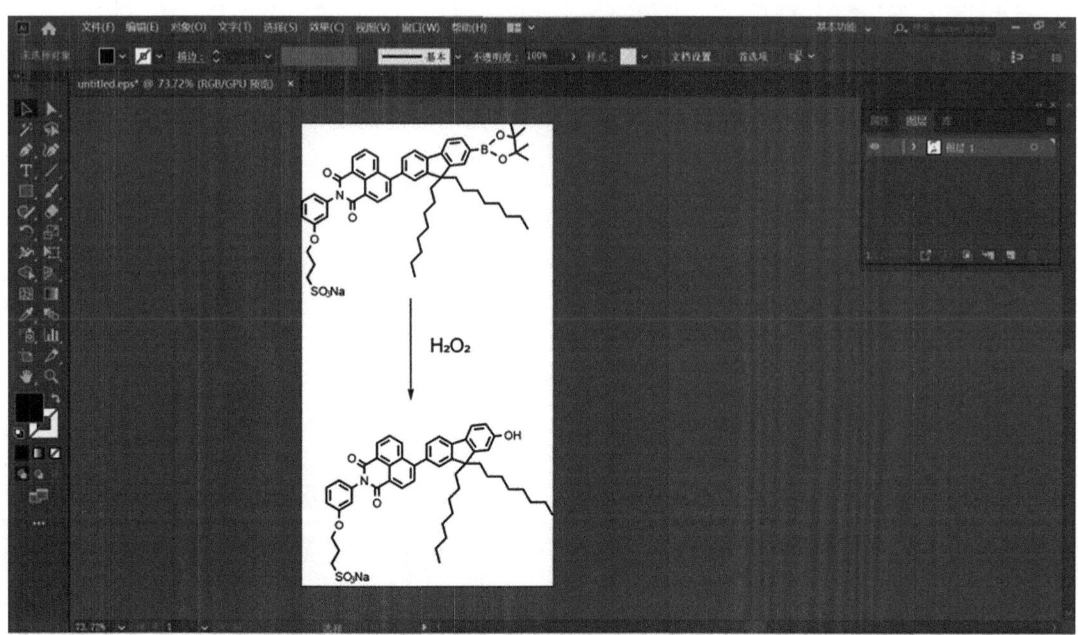

图 6.31　将结构式导入 AI 中

(2) 着色：通过鼠标右键点击【取消编组】，然后用鼠标选择需上色的色块，或点击【色板库菜单】调出所需颜色。注意：色板库菜单中内设有固定的色彩搭配，往往可以获得更好的搭配效果(图 6.32)。

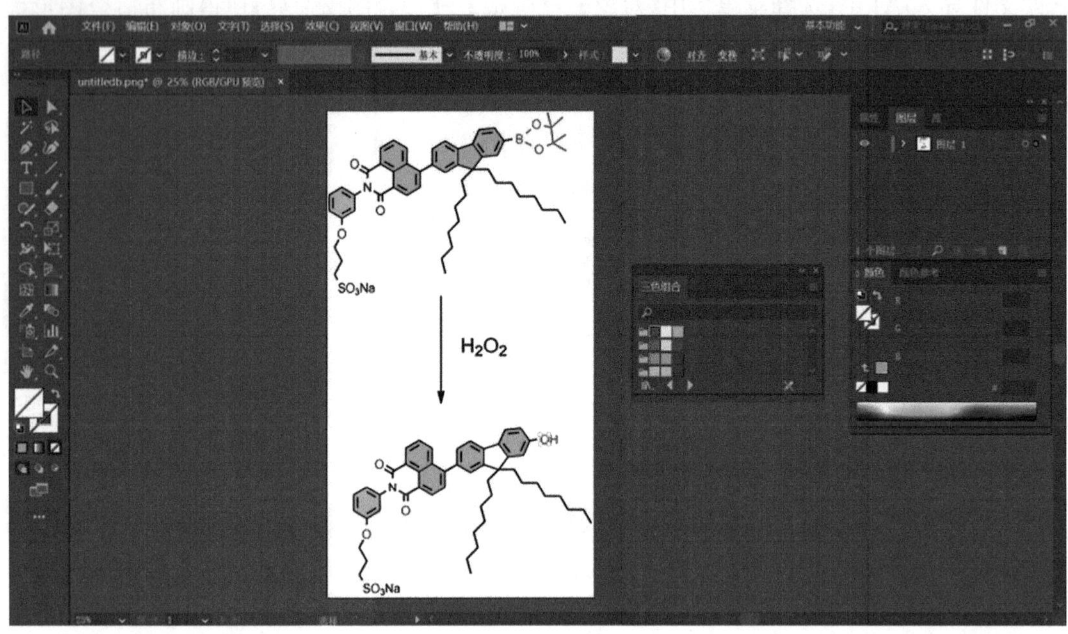

图 6.32 对结构式进行着色

(3) 在属性栏选择【文档设置】→【编辑画板】，用鼠标拖动画板四周调整至合适的大小(图 6.33)。

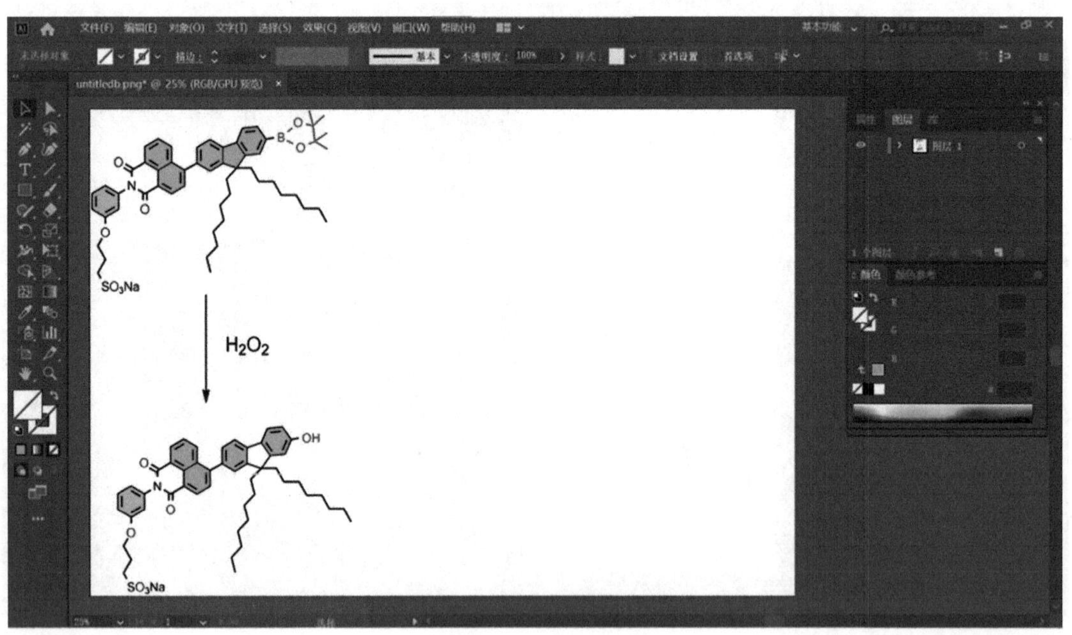

图 6.33 调节画板大小

（4）磷脂双分子层的绘制（画笔工具的使用）：选择椭圆工具，按住 Shift 键画出圆形，选择钢笔工具，画出磷脂分子的两条尾巴[图 6.34(a)]。这里为了对称，可先画一条平滑曲线，复制后竖直轴翻转即可生成另一条曲线。

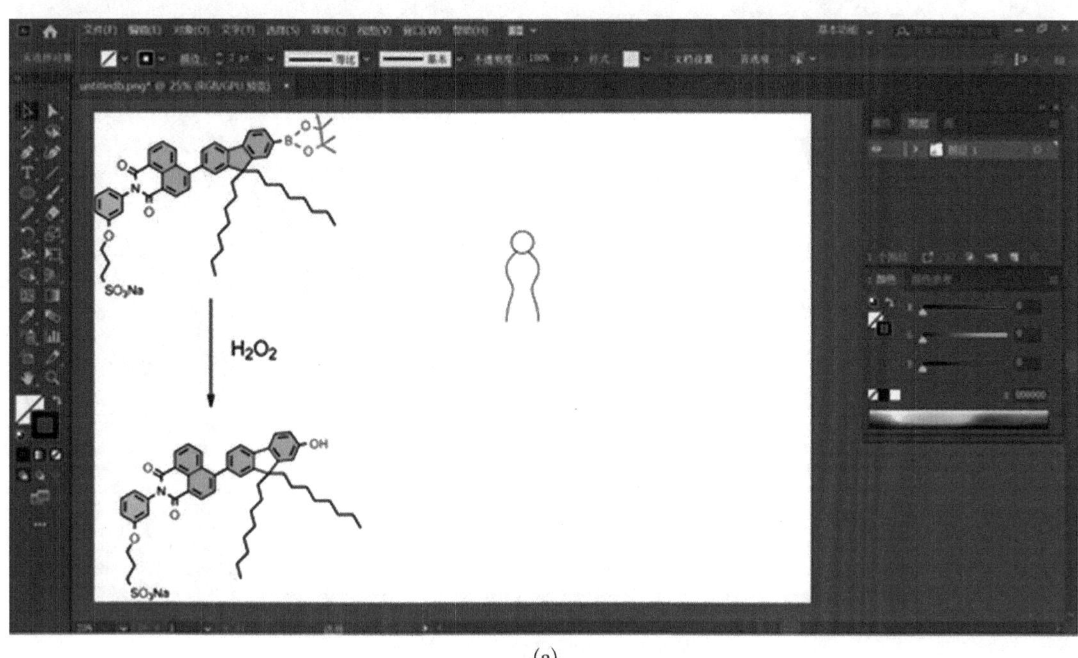

(a)

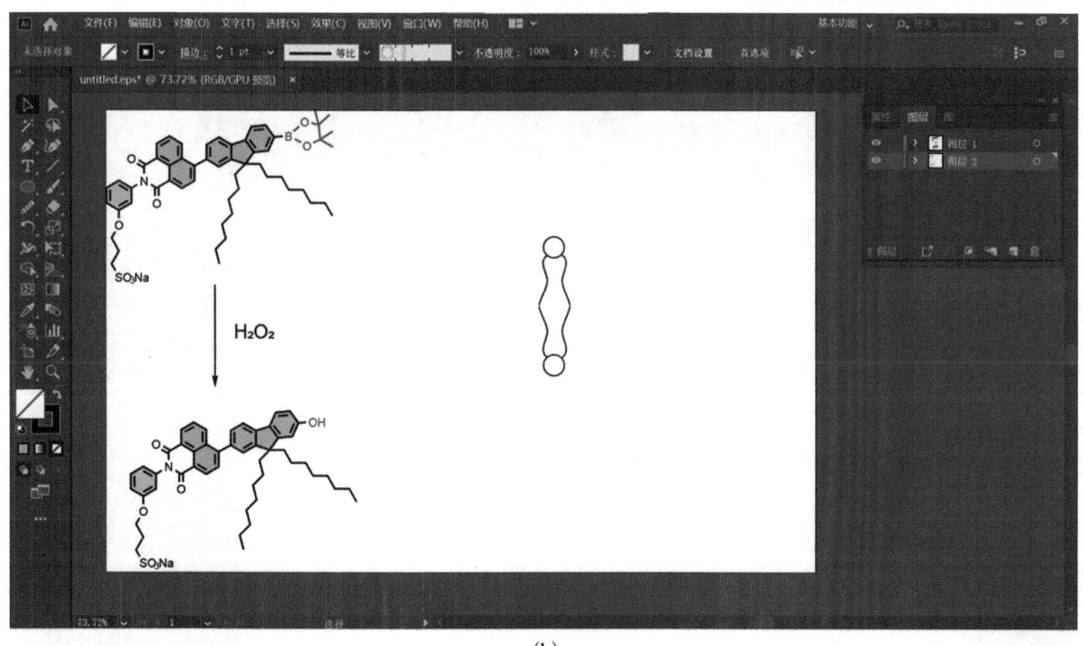

(b)

图 6.34　画笔的制作

将磷脂双分子层编组，复制生成第二个磷脂分子，水平轴翻转后将两个磷脂分子组合到一起，编组，拖动至画笔框中，选择添加图案画笔，在菜单中设置所需的缩放和间距参数[图6.34(b)]。用画笔工具根据设计，绘制所需的细胞膜结构，效果见图6.35。

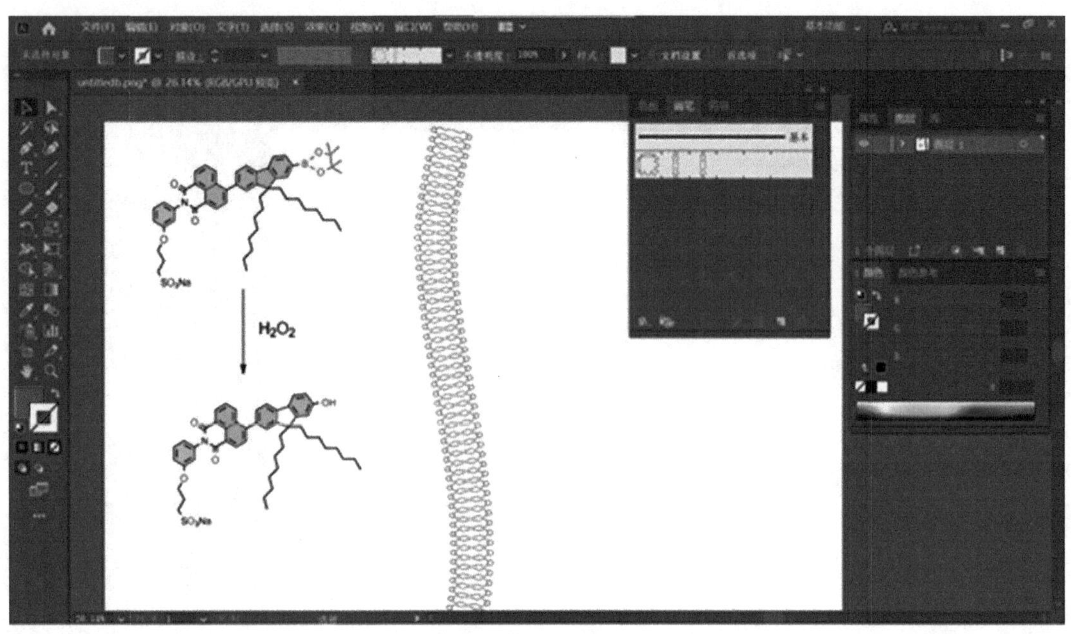

图 6.35　磷脂双分子层的绘制

(5) 蛋白质的绘制：使用【钢笔工具】绘制出蛋白的轮廓，然后选择【平滑工具】或者【变形工具】调整弯曲角度(图6.36)，并填充颜色(图6.37)。

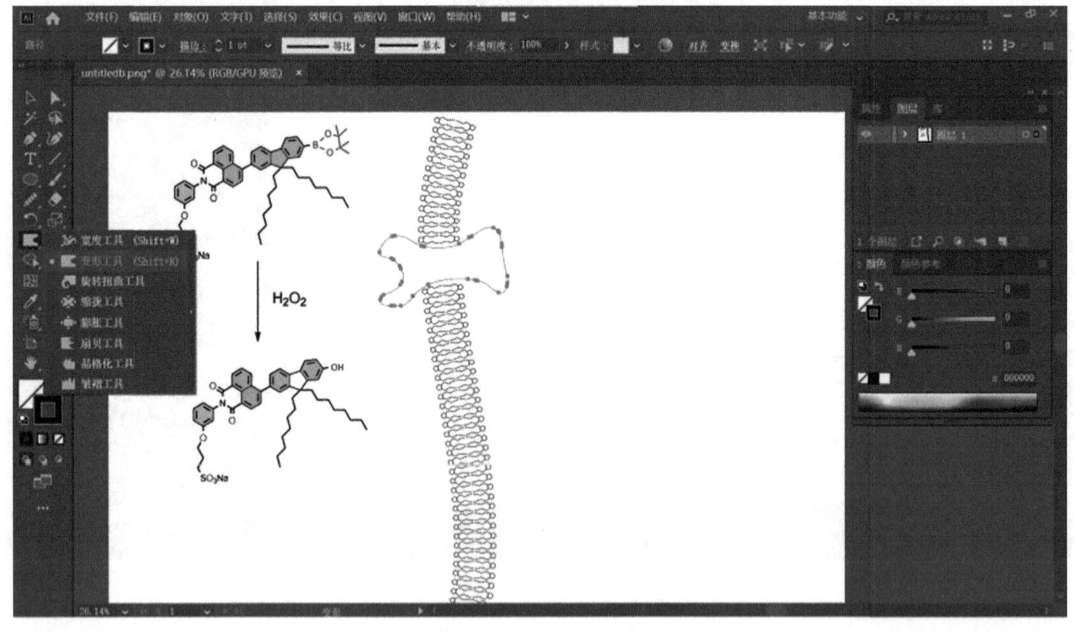

图 6.36　绘制蛋白质示意图

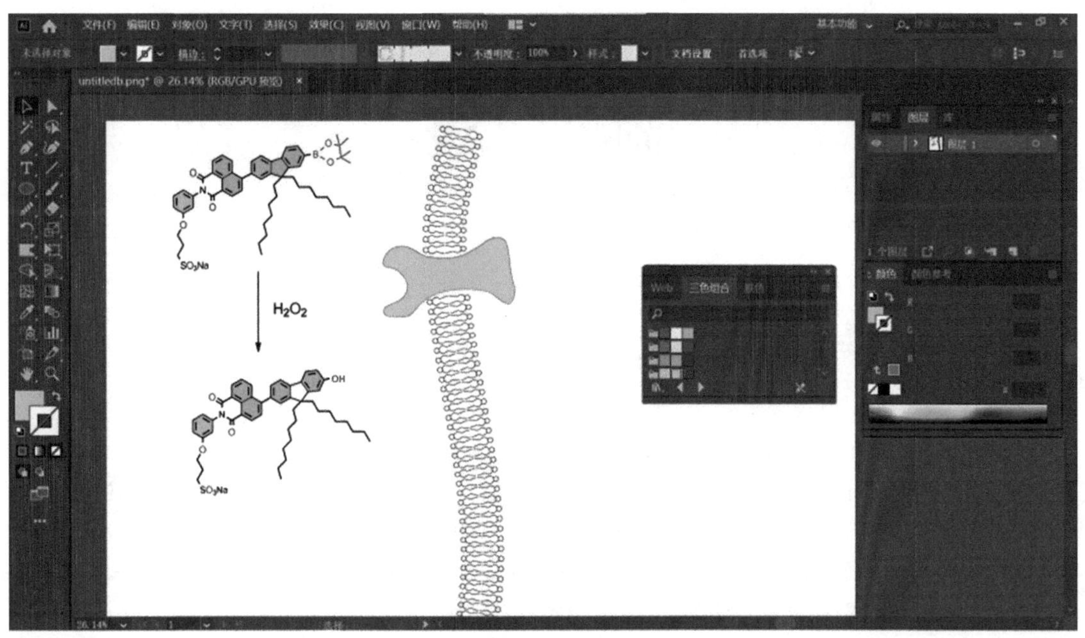

图 6.37　上色

(6) 在这里使用椭圆表示细胞外的分子，使其与蛋白的受体位点(缺口处)结合，以表达蛋白-分子相互作用。通过【直线段工具】和描边面板制作箭头，最后根据相应的科学原理设计合适的颜色以达到示意图效果(图 6.38)。

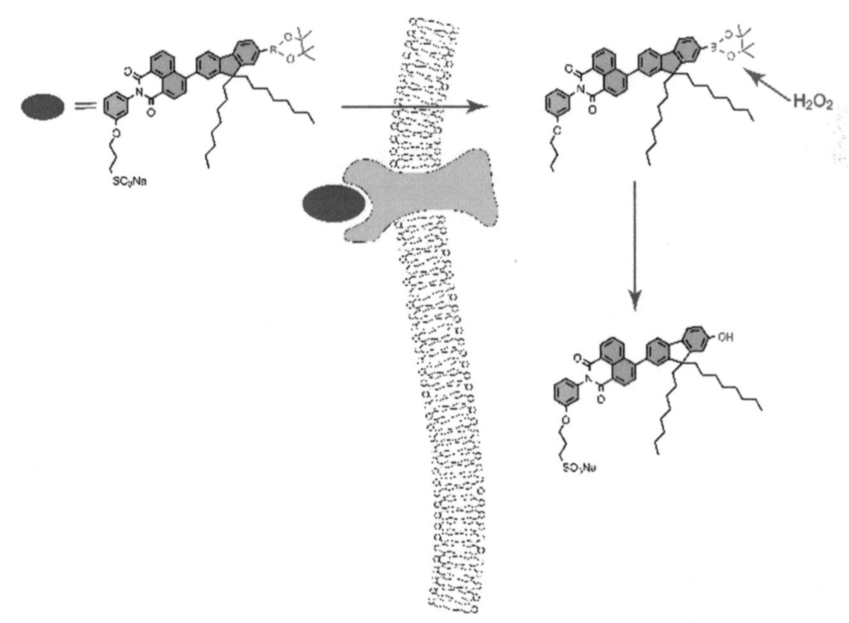

图 6.38　最终效果图

附　录

附录 1　制药与精细化工文献资源

化学文献是前人在化学方面进行科学研究和生产实践成果的记录和总结。在进行化学实验时，学生需要了解有关实验的所有信息，包括反应物和产物的物理常数、化学性质和波谱特征，所用溶剂的处理方法、合成路线、合成方法的选择及后处理步骤等，这就必须学会查阅化学手册和有关文献。化学文献资料的查阅和检索是实验和研究工作的重要组成部分，是化学工作者必须具备的基本功。化学文献的查阅不但可以避免不必要的重复探索，取得事半功倍的效果，而且还可以碰撞出智慧的火花。目前与制药和精细化工相关的文献资料已相当丰富，许多文献资料，如化学辞典、手册、理化数据及光谱资料等，其数据来源可靠，查阅简便，并不断进行补充更新，是化学学科的知识宝库，也是化学工作者学习和研究的有力工具。随着计算机和网络技术的发展，基于网络的文献资源将发挥越来越重要的作用。这里就制药与精细化工相关的常用化学手册和文献作一简单介绍。

F1.1　常用工具书

1.《化工辞典》

王箴.化工辞典.4 版.北京：化学工业出版社，2010.

《化工辞典》是一本综合性化工工具书，它收集了有关化学和化工名词一万六千余条。列出了无机化合物和有机化合物的分子式、结构式、基本的物理化学性质及有关数据，并对其制法和用途作了简要说明。书前有按笔画为顺序的目录和汉语拼音检字表。本书侧重于从化工原料的角度来阐述。

2. handbook of chemistry and physics(CRC 化学与物理手册)

这是美国化学橡胶公司出版的一本(英文)化学与物理手册。它初版于 1913 年，每隔一二年再版一次。最初每版分上、下两册，从第 51 版开始合为一册。该书内容分六个方面：数学用表，元素和无机化合物，有机化合物，普通化学，普通物理常数，其他。

在“有机化合物”部分中，列出了超过 1.5 万条常见有机化合物的物理常数，并按照有机化合物英文名字的字母顺序排列。查阅时可利用化合物的英文名称索引、分子式索引等查出所需要的化合物分子式及其物理常数。由于有机化合物有同分异构现象，因此在一个分子式下面常有许多编号，需要逐条去查。

目前，该手册已推出网络在线版，增加了基于分子结构的检索。

3. Sigma-Aldrich

美国 Aldrich 化学试剂公司出版的化学试剂目录，它收集了 1.8 万多个化合物的相对分子质量、分子式、沸点、折射率、熔点等数据，较复杂的化合物还附了结构式，并给出了该化合物核磁共振和红外光谱谱图的出处。每种化合物不同包装的价格等信息，为有机合成相关试剂的订购及价格比较提供便利。书后附有分子式索引，便于查找，还列出了化学实验中常用仪器的名称、图形和规格。每年出版一本，免费赠阅。

4. the merck index(默克索引)

由美国默克公司出版的记录化学品、药物和生理性物质的综合性百科全书,收集了近一万种化合物的性质、制法和用途,4 500 多个结构式及 42 000 条化学产品和药物的命名。一般是用方程式来表明反应的原料和产物及主要反应条件,并指出最初发表论文的著作者和出处,同时将有关这个反应的综述性文献的出处一并列出,便于进一步查阅。在 Organic Name Reactions 部分中,介绍了在国外文献资料中以人名来命名的反应。此外,还专门设有一节谈到中毒的急救。卷末有分子式和主题索引。本书 1989 年由美国 Merch 公司首次出版,2008 年已出版第 14 版。默克索引亦设有订阅的电子检索形式,普遍被参考图书馆所采纳,以及在网上查阅的形式。

5. Heilbron I. dictionary of organic compounds(海氏有机化合物辞典)

本书收集常见的有机化合物 2.8 万条,连同衍生物在内共 6 万余条。内容为有机化合物的组成、分子式、结构式、来源、性状、物理常数、化合物性质及其衍生物等,并给出了制备该化合物的主要文献资料。各化合物按名称的英文字母顺序排列。目前已提供基于 Web 页面的条件组合查询。

该书已有中文译本,名为《汉译海氏有机化合物辞典》,中国科学院自然科学名词编订室译,科学出版社。

6. Beilsteins handbuch der organischen chemie(贝尔斯坦有机化合物大全)

这是一部重要的参考书,以德文编写,最早由 F. K. Beilstein 主编,故常称此书为“Beilstein”。

本书正编(Hauptwerk)共 31 卷,包括了 1910 年 1 月 1 日以前全部有机化学主要资料。

第一补编(Erstes Erganzungswerk)共 27 卷,包括 1919 年以前的文献资料。

第二补编(Zweites Erganzungswerk)共 29 卷,包括 1929 年底以前的资料。

第三补编(Drittes Erganzungswerk)由 1958 年开始出版,包括了 1930—1949 年的文献资料。

第四补编(Viertes Erganzungswerk)包括了 1959 年以前的资料。

第三/四补编,第三补编自第 17 卷起与第四补编合并,收集 1930—1959 年的资料。

国外已出第五补编,以英文编写。

本手册内容十分丰富全面,指出了每一个化合物的来源、物理化学性质、生理作用、用途和分析方法等,并附有原始文献,同时注明了它在正编、第一补编、第二补编等中所在的卷数和页码以供查考。

1993 年 Beilstein 开发了“CrossFire”数据库系统,以本地客户端方式访问数据库服务器。2009 年由 Elsevier 公司将 Crossfire Beilstein/Gmelin 和 Patent Chemistry Database 内容整合为统一的资源,推出网络版的 Reaxys 数据库,形成专为帮助研究人员更有效地设计化合物合成路线的新型工具。

7. Organic Reactions

由 John Wiley&Sons 出版,1942 年创刊至今。该刊详细介绍了有机反应的广泛应用,给出了典型的实验操作细节和附表。

8. Organic Synthesis

由 John Wiley&Sons 出版,1932 年创刊至今。从 1 至 59 卷,每 10 卷汇编成册(Ⅰ～Ⅵ),从Ⅷ卷起每 5 年汇编成 1 册。该刊详细描述了各种有机化合物及常用的无机试剂和溶剂的纯化、制备方法及特殊的反应装置。所有反应的实验步骤都要被复核至彻底无误,故报道的许多方法都带有普遍性,可供参考用于相应的类似物合成。每册累积汇编中都有分子式、化学物质名称、作者姓名和反应类型的索引。

9. Reagents for Organic Synthesis, Wiley, New York

这是有机化学中所用试剂和催化剂的一个极为有用的简编。每个试剂按英文名称的字母顺序排列。该书对入选的每个试剂都介绍了化学结构、相对分子质量、物理常数、制备和纯化方法、合成方面的应用等,并附有主要的原始资料以备进一步参考。每卷卷末附有反应类型、化合物类型、合成目标物、作者和试剂等索引。最近的卷对第 1 卷进行了修订和补充,并出版了卷 1～12 的累积索引。

10. Synthetic Methods of Organic Chemistry

W. Theilheimer 和 A. F. Finch 主编,1948 年由 Interscience 出版至今。着重于描述用于构造碳-碳键

和碳-杂原子键的化学反应和一般反应官能团之间的相互转化。反应可以按照系统排列的符号进行分类。书中还附有累积索引。

11. Aldrich NMR 谱图集

Aldrich NMR 谱图集，1983 年出版第 2 版，由 C. L. Pouchert 主编，Aldrich 化学公司（Milwaukee, Wisconsin）出版。共两卷，收集了约 3.7 万张谱图。

Aldrich ^{13}C 和 ^{1}H NMR 谱图集，1993 年出第 3 版，由 C. L. Pouchert 和 J. Behnke 主编，Aldrich 化学公司出版。共 3 卷，收集了约 1.2 万张谱图。

12. Sadtler NMR 谱图集

Sadtler NMR 谱图集由美国宾夕法尼亚州 Sadtder 研究实验室收集。至 1996 年已经收入了超过 6.4 万种化合物的质子 NMR 谱图，以后每年增加 1 000 张。该 NMR 谱图集对不同环境氢质子的共振信号和积分强度给予相应的指认。此外还有 4.2 万种化合物的 ^{13}C NMR 质子去偶谱图也由该实验室发表。

13. Sadtder 标准棱镜红外光谱集

Sadtler 标准棱镜红外光谱集，由美国宾夕法尼亚州 Sadtler 研究实验室收集。至 1996 年已经出版 1～123 卷，收入了超过 9.1 万种化合物的红外光谱谱图，同时还收入了超过 9.1 万种化合物的相应光栅红外光谱图。

14. Aldrich 红外光谱集

Aldrich 红外光谱集 1981 年出版第 3 版，由 C. L. Pouchert 主编，Aldrich 化学公司出版。共 2 卷，收集了约 1.2 万张红外光谱图。该公司还于 1983 年至 1989 年出版了 3 册傅里叶红外光谱谱图集。

15. Vogel's Textbook of Practical Organic Chemistry, 5th, Longman Group UK Limited, 1989 年

这是一本较完备的实验教科书。内容主要分三个方面，即实验操作技术、基本原理及实验步骤、有机分析。很多常用的有机化合物的制备方法大都可以在这里找到，而且实验步骤比较成熟。

F1.2 常用期刊文献

1. Angewandte Chemie, International Edition（应用化学，国际版），缩写为 Angew Chem Int Ed.

该刊 1888 年创刊（德文），由德国化学会主办。从 1962 年起出版英文国际版。主要刊登覆盖整个化学学科研究领域的高水平研究论文和综述文章，是目前化学学科期刊中影响因子最高的期刊之一。

2. Journal of the American Chemical Society（美国化学会会志），缩写为 J Am Chem Soc

1879 年创刊，由美国化学会主办。发表所有化学学科领域高水平的研究论文和简报，目前每年刊登化学各方面的研究论文 2 000 多篇，是世界上最有影响的综合性化学期刊之一。JACS Au：JACS 新推出的 OA 期刊，可以免费阅读。

3. Journal of the Chemical Society（化学会志），缩写为 J Chem Soc

1848 年创刊，由英国皇家化学会主办，为综合性化学期刊。1972 年起分 6 辑出版，其中 Perkin Transactions 的 Ⅰ 和 Ⅱ 分别刊登有机化学、生物有机化学和物理有机化学方面的全文。研究简报则发表在另一辑上，刊名为 Chemical Communications（化学通讯），缩写为 Chem Commun。

4. Journal of Organic Chemistry（有机化学杂志），缩写为 J Org Chem

1936 年创刊，由美国化学会主办。初期为月刊，1971 年改为双周刊。主要刊登涉及整个有机化学学科领域高水平的研究论文的全文、短文和简报。全文中有比较详细的合成步骤和实验结果。

5. Tetrahedron（四面体）

英国牛津 Pergamon 出版，1957 年创刊，是迅速发表有机化学方面权威评论与原始研究通讯的国际性

杂志，主要刊登有机化学各方面的最新实验与研究论文。多数以英文发表，也有部分文章以德文或法文刊出。

6. Tetrahedron Letters（四面体快报），简称 TL

英国牛津 Pergamon 出版，是迅速发表有机化学领域研究通讯的国际性刊物，1959 年创刊。文章以英文、德文或法文发表，主要刊登有机化学家感兴趣的通讯报道，包括新概念、新技术、新结构、新试剂和新方法的简要快报。

7. Synthetic Communications（合成通讯），缩写为 Syn Commun

美国 Dekker 出版的国际有机合成快报刊物，1971 年创刊，主要刊登有机合成化学方面的新方法、试剂的制备与使用方面的研究简报。

8. Synthesis（合成）

德国斯图加特 Thieme 出版的有机合成方法学研究方面的国际性刊物，1969 年创刊，月刊。主要刊登有机合成化学方面的评述文章、通讯和文摘。

9.《中国科学》化学专辑

由中国科学院主办，1950 年创刊。1982 年起，中、英文版同时分 A 和 B 两辑出版，化学在 B 辑中刊出。从 1997 年起，分成 6 个专辑，化学专辑主要反映我国化学学科各领域重要的基础理论方面的创造性的研究成果。

10.《化学学报》

由中国化学会主办，1933 年创刊。主要刊登化学学科基础和应用基础研究方面的创造性研究论文的全文、简报和快报。

11.《高等学校化学学报》

由教育部主办的化学学科综合学术性刊物，1964 年创刊。该刊主要刊登我国化学学科各领域创造性的研究论文、研究简报和研究快报。

12.《有机化学》

由中国化学会主办，1981 年创刊。编辑部设在中国科学院上海有机化学研究所。主要刊登我国有机化学领域的创造性的研究综述、全文、简报和快报。

F1.3 化学文摘

文摘提供了发表在期刊、综述、专利和著作中原始论文的简明摘要，是检索化学信息的快速工具。本节主要介绍 Chemical Abstracts（美国化学文摘，CA）。

美国化学学会（ACS）下属的美国化学文摘社（CAS）出版发行的化学文摘（CA）以化学化工为主，涉及生物、医学、轻工、冶金、物理等领域，是最常用的检索工具。CA 具有摘录广泛、出版迅速、索引完备的特点，收录有 136 个国家 56 种文字出版的 14 000 多种期刊，包括期刊、图书、学位论文、科技报告、会议论文、专利等文摘。

CA 索引包括了作者、一般主题、化学物质、化学物质登记号、专利号、环系索引、分子式索引及累积索引。

CA 对每一个文献中提到的物质都给予一个唯一的登记号，这些登记号已广泛在整个化学文献中使用，成为事实上的行业标准。

CA 文摘除印刷版外，还适时推出了光盘版、网络版（联机版）。

SciFinder 提供通过 Internet 在线查询化学文摘 CA 的服务，其数据库涵括了化学文摘 1907 年创刊以来的所有内容，更整合了 Medline 医学数据库、欧洲和美国等近 61 家专利机构的全文专利资料等。SciFinder 有多种先进的检索方式，比如化学结构式（其中的亚结构模组对研发工作极具帮助）和化学反应式检索等。

F1.4 网络资源

Internet 上的化学信息与资源面广量大，高度动态。通过 Internel 检索各类化学信息与资源是一种新的趋势，并成为化学工作者了解学科发展动态的首要选择。

1. 美国化学学会(ACS)数据库(http://pubs. acs. org)

美国化学学会 ACS(American Chemical Society)出版集团为全球化学研究机构、企业及个人提供高品质的文献资讯及服务。其旗下的多数期刊成为世界顶级的学术刊物，如 JACS，Chemical Reviews 等。其网站除具有一般的检索、浏览、论文提交等功能外，还可在第一时间内查阅到被作者授权发布、尚未正式出版的最新文章。

2. 英国皇家化学学会(RSC)数据库(http://www. rsc. org)

英国皇家化学学会 RSC(Royal Society of Chemistry)是一个主要的文献传播机构和出版商。该协会出版的期刊及数据库一向是化学领域的核心期刊和权威性的数据库。数据库 Methods of organic Synthesis (MOS)，提供有机合成方面最重要的通告服务，提供反应图解，涵盖新反应、新方法等。数据库 Natural Product Updates(NPU)，提供有关天然产物化学方面最新发展的文摘，包括分离研究、生物合成、新天然产物等。

3. Elsevier(Science Direct)数据库(http://www. sciencedirect. com)

荷兰爱思唯尔(Elsevier)出版集团是全球最大的科技与医学文献出版发行商之一，已有 180 多年的历史。Science Direct Online 系统是 Elsevier 公司的核心产品，自 1999 年开始向读者提供电子出版物全文的在线服务，包括 Elsevier 出版集团所属的 2 200 多种同行评议期刊和 2 000 多种系列丛书、手册及参考书等，其中约 1 500 种期刊具有全文浏览权限。该数据库涵盖了数学、物理、化学、天文学、医学、生命科学、商业及经济管理、计算机科学、工程技术、能源学、环境科学、材料科学、社会科学等众多学科。

4. John Wiley(约翰威立)数据库(http://www. interscience. wiley. com)

约翰威立父子出版公司(Wiley InterScience-JohnWiley&Sons Inc.)创立于 1807 年，是全球历史悠久、知名的学术出版商之一。该网站是 JohnWiley&Sons Inc.的学术出版物的在线平台，提供包括化学化工、生命科学、医学、高分子及材料学、工程学，数学及统计学、物理及天文学、地球及环境科学、计算机科学等 14 学科领域的学术出版物。

5. 中国知网(http://www. cnki. net)

中国知网内容涵盖国内期刊、博士论文、硕士论文、会议论文、报纸、工具书、年鉴、专利、标准、国学及海外文献等公共知识信息资源，分为理工 A(数理科学)、理工 B(化学化工能源与材料)、理工 C(工业技术)、农业、医药卫生、文史哲、经济政治与法律、教育与社会科学综合、电子技术与信息科学 9 大专辑，126 个专题数据库，网上数据每日更新。

附录 2 溶剂处理

F2.1 DCM(二氯甲烷)

二氯甲烷(α-亚甲基二氯)[75-09-2]M 84.9，沸点 40.0℃，d 1.325，n 1.424 56，n^{25} 1.420 1。加入几份浓硫酸后振摇，至酸层保持无色，再依次用水、5% Na_2CO_3 溶液、$NaHCO_3$ 溶液或 NaOH 溶液和水洗涤。液体用 $CaCl_2$ 预干燥后，加入 $CaSO_4$、CaH_2 或 P_2O_5 进行蒸馏。用活性 4A 分子筛在干燥氮气气氛下避光保存于棕色瓶中。其他纯化方法包括：用 $Na_2S_2O_3$ 溶液洗涤，通过硅胶柱洗脱，含羰基杂质的去除可参照氯仿的处理。亦可通过如下方法纯化：用碱性氧化铝处理，蒸馏，用分子筛于 N_2 气氛下保存[Puchot et al. J Am

Chem Soc 108 2353 1986]。

来源于日本的二氯甲烷含有 MeOH 为稳定剂，蒸馏无法除去。可通过加入活性 3A 分子筛振荡（注意 4A 分子筛会使瓶中压力增加），然后通过活性氧化铝柱洗脱、蒸馏除去[Gao et al. J Am Chem Soc 109 5771 1987]。可用白金锭绳柱分馏，脱气，馏出物中加脱气分子筛（Linde 4A），于 450℃以上高真空加热（压力读数达最低值 10^{-6} mm Hg），约 1～2 h[Mohammad and Kosower J Am Chem Soc 93 2713 1971]。

快速纯化方法：与 CaH_2（50 g/L）回流，蒸馏，用 4A 分子筛保存。

F2.2 EtOH(乙醇)

乙醇[64-17-5]*M* 46.1，沸点 78.3℃，d^{15} 0.793 60，d^{5} 0.785 06，*n* 1.361 39，pK^{25} 15.93。发酵醇的杂质通常为杂醇油（主要为高碳醇，特别是戊醇）、醛、酯、酮和水。合成醇的杂质多为水、醛、脂肪族酯、丙酮和乙醚。乙醇中存在痕量的苯，来源于与苯共沸蒸馏脱水的苯。无水乙醇吸湿性极强。水（下至 0.05%）的检测：当将乙醇铝的苯溶液加入试验溶液中时会产生大量沉淀。精馏酒精（95%乙醇）转化为绝对乙醇（99.95%）：与新烧 CaO(250 g/L)回流 6 h，放置过夜，蒸馏（小心避免湿气）。

许多方法可用于将绝对乙醇进一步干燥为“超干燥乙醇”。Lund and Bjerrum[Chem Ber 64 210 1931]用乙醇镁反应法：将 5 g 干净的干燥镁屑和 0.5 g 碘（或几滴 CCl_4）置于 2 L 烧瓶中活化 Mg，然后加入 50～75 mL 绝对乙醇，将混合物温热至发生剧烈反应。反应平息后继续加热直至所有镁转化为乙醇镁，再次加入乙醇至 1 L，回流 1 h 后过滤，（此时）水含量应低于 0.05%。Walden、Ulich and Laun[Z Phys Chem 114 275 1925]用铝汞齐屑法：将铝屑脱脂（用乙醚洗涤，真空干燥以除去加工 Al 时混入的油脂），用碱处理直至剧烈放出氢气，再水洗至洗出液呈弱碱性，然后与 1% $HgCl_2$ 溶液搅拌反应 2 min，得到的碎屑快速用水、乙醇和乙醚洗涤，然后用滤纸干燥（注意：汞齐会变热!），将此碎屑加入醇溶液中，将溶液温和加热数小时，直至不再放出氢气，然后对醇溶液进行蒸馏，通入纯的干燥空气一段时间。（推荐方案）Smith[J Chem Soc 1288 1927]将 1 L 绝对乙醇与 7 g 干净干燥的 Na 置于 2 L 烧瓶中，再加入 25 g 纯丁二酸乙酯（或 27 g 纯酞酸乙酯），回流 2 h（保护系统避免湿气），然后蒸馏，用 40 g 甲酸乙酯进行修饰，以便分离出甲酸钠，回流过程中过量的甲酸乙酯分解为 CO 和乙醇。

适用于乙醇的干燥剂包括 Linde 4A 分子筛，金属 Ca 和 CaH_2。将氢化钙（2 g）粉碎为粉末，溶于 100 mL绝对乙醇中（加热至微沸），蒸出约 70 mL 乙醇以除去任何不溶气体，然后将余物倾倒入蒸馏器中约 99.9%的 1 L 乙醇中，回流煮沸 20 h，此过程中缓慢通入纯的干燥氢气流（用氮气或 Ar 更好），然后蒸馏[Rüber Z Electrochem 29 334 1923]。若用金属 Ca 干燥，应用理论量的 10 倍，在回流过程中将干燥空气通入蒸气中可除去痕量氨（来源于金属 Ca 中的一些氮化钙）。

乙醇中痕量碱性物质可通过与少量 2,4,6-三硝基苯甲酸或磺氨酸共混蒸馏除去。苯的去除：加入少量水后分馏（苯/水/乙醇共沸物于 64.9℃蒸馏）；然后将醇用上述方法之一再干燥。或者小心分馏，可将苯分离为苯/乙醇共沸物（沸点 68.2℃）。醇中醛的去除：每升醇用 8～10 g 溶化的 KOH 和 5～10 g 铝或锌浸渍，然后蒸馏。另外的方法为：与 KOH(20 g/L)和 $AgNO_3$(10 g/L)加热回流，或将 2.5～3 g 乙酸铅的 5 mL 水溶液加入 1 L 乙醇中，然后再缓慢（不搅拌）加入 5 g KOH 的 25 mL EtOH 溶液，1 h 后充分振摇烧瓶，放置过夜，过滤，蒸馏。

残留的水可通过将馏出物与活性铝汞齐放置一个星期，然后过滤，蒸馏除去。用 Raney 镍蒸馏乙醇去除催化剂的毒性。

其他纯化方法包括：用浓硫酸（3 mL/L）预处理以除去胺，用 $KMnO_4$ 预处理使醛氧化，然后与 KOH 回流使醛树脂化，通过硅胶（柱）后蒸馏除去痕量 H_3PO_4 和其他酸性杂质，用 $CaSO_4$ 干燥。水可通过与二氯甲烷（共沸物于 38.1℃沸腾，含 1.8%水）或 2,2,4-三甲基戊烷共沸蒸馏除去。

快速纯化方法：将脱脂的 5 g Mg 屑（加工 Mg 屑的过程中混入的油脂用干燥 EtOH 和乙醚洗，然后真空干燥除去）置于干燥的配有回流冷凝器（通 $CaCl_2$ 或 KOH粒干燥管避免接触空气）的 2 L 圆底烧瓶中，通

入干燥 N_2 然后加入 0.5 g 碘晶体，小心温热烧瓶直至形成碘蒸气，并包覆碎屑，冷却，再加入 50 mL EtOH，小心加热回流至碘消失，再次冷却，然后加入更多 EtOH(约 1 L)，于 N_2 气氛下回流数小时，蒸馏，用 3A 分子筛保存(分子筛经 300～350℃预热数小时，N_2 或 Ar 气氛下冷却)。

F2.3　THF(四氢呋喃)

四氢呋喃[109－99－9]C_4H_8O，*M* 72.1，沸点 25℃/176 mmHg、66℃/760 mmHg，*d* (d_4^{25}) 0.889，*n* (n_D^{20}) 1.407 0，pK 2.48(硫酸水溶液中)。本品用氢化铝锂($LiAlH_4$)回流和蒸馏以除去水、过氧化物、抑制剂和其他杂质[Jaeger et al. J Am Chem Soc 101 717 1979]。过氧化物也可以通过活性氧化铝柱色谱除去或用硫酸亚铁及硫酸氢钠处理后，再用固体氢氧化钾处理除去。上述两种情况，四氢呋喃都需加钠或锰丝干燥和分馏或强力搅拌下加入熔融的钾及用氢化钙作干燥剂。

下列方法可获得几乎无水的四氢呋喃。Ware[J Am Chem Soc 83 1296 1961]将四氢呋喃用钠-钾合金干燥，直至在干冰/纤维素溶剂温度下，显示明显的蓝色。四氢呋喃一直与钠-钾合金接触存放，直至使用前将其蒸馏出来。Worsfold and Bywater[J Chem Soc 5234 1960]将四氢呋喃用五氧化二磷或氢氧化钾回流后，蒸出，再加入钠-钾合金及芴酮回流干燥，直至溶液中呈现稳定的芴酮双钠盐的绿色[也可用二苯甲酮代替芴酮，产生蓝色物质]后，分馏，脱气，储存在含氢化钙的容器中。对甲酚或氢醌可阻止过氧化物的生成。Coetzee and Chang[Pure Appl Chem 57 633 1985]所描述的关于 1,4－二氧杂环己烷的纯化方法也可用于四氢呋喃的纯化。蒸馏也应在还原剂如硫酸亚铁存在条件下进行。本品刺激皮肤、眼睛、黏膜，不要将蒸气吸入。本品极易燃，需采取必要的预防措施。

快速纯化法参见乙醚的纯化方法。

F2.4　TEA(三乙胺)

三乙胺[121－44－8]*M* 101.2，沸点 89.4℃，*d* 0.728 0，*n* 1.400 5，pK^{25} 10.82。本品可用 $CaSO_4$、$LiAlH_4$、4A 分子筛、CaH_2、KOH、K_2CO_3 干燥，然后单独蒸馏或加入 BaO、Na、P_2O_5、CaH_2 蒸馏。其还可以在 Zn 粉、氮气下蒸馏。为了除去痕量的一级胺和二级胺，三乙胺要用乙酸酐、苯甲酸酐、邻苯二甲酸酐回流，然后用 CaH_2(氨)或 KOH(或用活性氧化铝干燥)回流，再蒸馏。另一种纯化是使用对甲苯磺酰氯回流 2 h，然后蒸馏。Grovenstein and Williams[J Am Chem Soc 83 412 1961]处理三乙胺(500 mL)，先用苯甲酰氯(30 mL)处理，过滤沉淀，再加入 30 mL 苯甲酰氯回流 1 h，冷却之后，过滤液体，蒸馏，然后加入 KOH 颗粒静置几个小时，在钾中回流，蒸馏。三乙胺还可以转换成其盐酸盐(熔点 254℃)，乙醇结晶后，用 NaOH 溶液中和，得到游离三乙胺，再用 KOH 固体干燥后，加入金属 Na，在氮气保护下进行蒸馏得到纯品。

F2.5　DMF(*N*,*N*－二甲基甲酰胺)

N,*N*－二甲基甲酰胺(DMF)[68－12－2]*M* 73.1，沸点 40℃/10 mmHg、61℃/30 mmHg、88℃/100 mmHg、153℃/760 mmHg，*d* 0.948，n^{25} 1.426 9，pK 0.3。在其沸点温度下会有轻微分解，放出少量二甲胺和 CO。酸性或碱性物质都可催化分解反应，甚至在室温下，DMF 若与固体 KOH、NaOH 或 CaH_2 放置数小时都会略有分解。因此若将这些试剂用作脱水剂，就不应与 DMF 一起回流。DMF 的干燥一般使用 $CaSO_4$、$MgSO_4$、硅胶或 Linde 4A 型分子筛进行振荡，然后减压蒸馏。此措施就可满足大多数实验目的。大量水的去除可通过与＊苯(10%体积分数，用 CaH_2 预干燥)在常压下共沸蒸馏：水和＊苯在低于 80℃蒸馏。保留在蒸馏瓶中的液体加入 $MgSO_4$(于 300～400℃预烧整夜)进一步干燥(25 g/L)。振摇 1 天后再加入一定量 $MgSO_4$，将 DMF 用带有真空套的 3 ft 不锈钢螺旋柱于 15～20 mmHg 压力下蒸馏。但 $MgSO_4$ 并不是很有效的干燥剂，最后 DMF 中仍会残留 0.01 mol/L 水。更有效的干燥(约 0.001～0.007 mol/L 水)通过如下方法完成：与 BaO 粉末放置，倾析出液体后与氧化铝粉末(50 g/L，最好于 500～600℃预烧整夜)蒸馏，再次与更多的氧化铝蒸馏；或与三苯基氯硅烷(5～10 g/L)于 120～140℃回流 24 h，再于约 5 mm 压力

下蒸馏[Thomas and Rochow J Am Chem Soc 79 1843 1957]。DMF 中的游离胺可通过与 1-氟-2,4-二硝基苯的显色反应检测。可通过与 KOH 粒干燥过夜,然后与 BaO 用 10 cm Vigreux 柱蒸馏纯化[Exp Cell Res 100 213 1976]。用于干燥 DMF 的干燥剂的功效见[Burfield and Smithers J Org Chem 43 3966 1978],纯化、纯度检测和物理性质的综述见[Juillard Pure Appl Chem 49 885 1977]。

可通过在高真空下与 K_2CO_3 蒸馏和在全玻璃装置中分馏纯化。收集中馏分,脱气(7 或 8 次冷冻-解冻循环),于尽可能高的真空度重蒸[Mohamrmad and Kosower J Am Chem Soc 93 2713 1971]。

快速纯化方法:与 CaH_2(50 g/L)搅拌过夜,过滤,然后于 20 mmHg 下减压蒸馏。将馏得的 DMF 用 3A 型或 4A 型分子筛保存。用于固相合成的 DMF 必须优质,且不含胺。

F2.6 DMSO(二甲基亚砜)

二甲基亚砜(DMSO)[67-68-5]*M* 78.1,熔点 18.0～18.5℃,沸点 75.6～75.8℃/12 mmHg,190℃/760 mmHg,*d* 1.100,*n* 1.479。(产品为)无色、无味、十分吸湿的液体,由甲硫醚合成。主要杂质为水与痕量的二甲基砜。可用 Karl-Fischer 法测试。用 Linde 4A 或 13X 分子筛干燥:持续用其干燥并通过此物质柱,然后减压蒸馏。其他干燥剂包括 CaH_2、CaO、BaO 和 $CaSO_4$。亦可通过部分冷冻法分离结晶。更广泛的纯化方法为:与新鲜加热并冷却的色谱纯级氧化铝放置过夜。然后与 CaO 回流 4 h,用 CaH_2 干燥,低压分馏。更好的干燥二甲亚砜的干燥剂参见 Burfield and Smithers[J Org Chem 43 3966 1978;Sato et al. J Chem Soc,Dalton Trans 1949 1986]。

快速纯化方法:与新活化的氧化铝、BaO 或 $CaSO_4$ 放置过夜。过滤,与 CaH_2 减压(约 12 mmHg)蒸馏。用 4A 型分子筛保存。

参 考 文 献

[1] 谌纪朋.基于环三聚磷腈树状分子衍生物的设计合成与性能研究[D].上海：上海工程技术大学,2020.

[2] 兰州大学.有机化学实验[M].4 版.北京：高等教育出版社,2017.

[3] 程能林.溶剂手册[M].5 版.北京：化学工业出版社,2015.

[4] (澳) 威尔弗雷德 L. F. 阿玛瑞高(Wilfred L. F. Armarego),(澳) 克里斯蒂娜 L. L. 柴.实验室化学品纯化手册[M].林英杰,刘伟,王会萍,等译.北京：化学工业出版社,2007.

[5] 赵宏,陈毅平.药物化学实验[M].北京：化学工业出版社,2020.

[6] 瞿祎.具有大 Stokes 位移和近红外发光的荧光材料的合成与应用[D].上海：复旦大学,2014.

[7] 罗鑫.基于三苯胺-萘酰亚胺的荧光应力响应材料研究[D].上海：上海工程技术大学,2021.

[8] 瞿祎.萘酰亚胺类共轭聚合物荧光探针的合成与性能研究[D].上海：华东理工大学,2009.

[9] 瞿祎.基于吡咯并吡咯二酮和喹吖啶酮的荧光化学传感器[D].上海：华东理工大学,2012.

[10] 张煜祺.4-芳基萘酰亚胺的分子光功能调控与应用研究[D].上海：上海工程技术大学,2021.

[11] 王巧灵.刷状荧光微球的制备及在离子检测中的应用[D].上海：上海工程技术大学,2020.

[12] 吴健威.基于萘酰亚胺及吡啶偶联三苯胺的分子荧光探针研究[D].上海：上海工程技术大学,2016.

[13] Wei W, Lu R J, Tang S Y, et al. Highly cross-linked fluorescent poly(cyclotriphosphazene-*co*-curcumin) microspheres for the selective detection of picric acid in solution phase [J]. Journal of Materials Chemistry A, 2015, 3(8): 4604 - 4611.

[14] 苏稀琪.金属调节的环三磷腈荧光探针的构建与性能研究[D].上海：上海工程技大学,2022.

[15] 王丽敏,仇汝臣,黄少华.复方乙酰水杨酸片中有效成分的 DOSY 技术分析[J].波谱学杂志,2016, 33(3): 415 - 420.

[16] 谢金华.金属四环素与活性小分子相互作用及其性能的研究[D].上海：上海工程技术大学,2021.

[17] 洪爱华,尹平河,马义,等.高效液相色谱-质谱联用法测定饮料中的苯甲酸含量[J].光谱实验室,2011, 28(2): 970 - 972.

[18] 李茂光，龙珍，陈琼，等.多糖疫苗中十六烷基三甲基溴化铵和去氧胆酸残留量液相色谱串联质谱检测方法的建立及验证[J].中国生物制品学杂志，2021，34(9)：1088－1093.

[19] 杨云霞.基于 DCPO 的含磷荧光分子的设计合成和性能研究[D].上海：上海工程技术大学，2019.

[20] 汪燕.1，3－二取代芳烃的定位锂化取代反应研究[D].上海：上海工程技术大学，2015.

[21] 薛松.有机结构分析[M].合肥：中国科学技术大学出版社，2005.

[22] Qu Y，Zhu Y，Wu J，et al. Molecular rotor based on dipyridylphenylamine：Near-infrared enhancement emission from restriction of molecular rotation and applications in viscometer and bioprobe[J]. Dyes and Pigments，2020，172：107795.